★ ★ ★ "十二五"国家重点图书出版规划项目 ★ ★ ★

# Discovery

# 月球文化与月球探测

**焦维新**◎著

■ 引领孩子成长的最佳科普读物，带领大家全方位探索
浩瀚而神秘的宇宙世界。

U0391039

**青少年**
太空探索科普丛书

知识产权出版社
全国百佳图书出版单位

## 内容简介

用最新的探测成果，向读者形象地展示了月球的整体特征和区域风貌；论述了什么是月球文化、月球文化与月球探测的相互推动作用；讲述了人类早期月球探索的有趣故事，透视了新时期中国、日本、印度和美国月球探测的突出特点；结合作者自身经历，介绍了在我国嫦娥工程立项前广大科技人员关注月球探测的情况；展望了未来的载人登月、月球基地建设和月球资源开发利用的美好远景。

本书可作为广大中、小学生的科普读物，对从事深空探测的科技人员也有重要参考价值。

**责任编辑：**陆彩云　徐家春　　　　　　**责任出版：**卢运霞

## 图书在版编目（CIP）数据

月球文化与月球探测／焦维新著． -- 北京：知识产权出版社，2013. 9

ISBN 978-7-5130-2309-2

Ⅰ．①月…　Ⅱ．①焦…　Ⅲ．①月球探索–研究　Ⅳ．① V1

中国版本图书馆 CIP 数据核字（2013）第 229479 号

青少年太空探索科普丛书

**月球文化与月球探测**　YUEQIU WENHUA YU YUEQIU TANCE

焦维新　著

| | | | |
|---|---|---|---|
| **出版发行：**知识产权出版社 | | | |
| **社　　址：**北京市海淀区马甸南村 1 号 | | **邮　　编：**100088 |
| **网　　址：**http://www.ipph.cn | | **邮　　箱：**lcy@cnipr.com |
| **发行电话：**010-82000860 转 8101/8102 | | **传　　真：**010-82005070/82000893 |
| **责编电话：**010-82000860 转 8573 | | **责编邮箱：**xujiachun625@163.com |
| **印　　刷：**北京科信印刷有限公司 | | **经　　销：**新华书店及相关销售网点 |
| **开　　本：**720mm×960mm　1/16 | | **印　　张：**9 |
| **版　　次：**2013 年 11 月第 1 版 | | **印　　次：**2013 年 11 月第 1 次印刷 |
| **字　　数：**132 千字 | | **定　　价：**29.00 元 |

ISBN 978-7-5130-2309-2

# 《青少年太空探索科普丛书》序

　　在北京大学讲授"太空探索"课已近二十年，学生选课的热情和对太空的关注度，给我留下深刻的印象。这门课是面向文理科学生的通选课，每次上课限定二百人，但选课的人数有时多达五六百人。近年来，笔者加入了"中国科学院老科学家科普演讲团"，除了每年给北大学生上一个学期的课外，还随团在大、中、小学及公务员中作近百场科普讲座，广大青少年在讲座会场所洋溢出的热情，给我留下深刻的印象；学生听课时的全神贯注、提问时的踊跃，特别是讲座结束后众多学生围着我要求签名的场面，使我感受颇深，学生对于向他们传授知识的人是多么的敬重啊！

　　上述情况说明，广大中小学生和民众非常关注太空活动，渴望了解太空知识。正是基于这样的认识，我下决心"开设"一门中学生版的"太空探索"课。除了继续在社会上作科普宣传外，要写一部适合于中小学生的太空探索系列科普书，将课堂扩大到社会，使读者对广袤无垠的太空有系统的了解和全面的认识，对空间技术的魅力有深刻的体会，从根本上激发青少年热爱科学、刻苦学习、奋发向上，树立为祖国的科技腾飞贡献力量的理想。

　　我在着手写科普书之前，已经出版了四部关于空间科学与技术方面的大学本科教材，包括专为太空探索课编著的教材《太空探索》，但对于写作系列科普书这还是第一次。提起科普书，人们常用"知识性、趣味性、可读性"来要求，但真正满足这几点要求太不容易了。究竟选择哪些内容，怎样使读者对太空探索活动和太空科学知识感兴趣，掌握怎样的深度才能适合更多的人阅读，这些都是需要逐步摸索的。

　　为了跳出写教材的思路，满足知识性、趣味性和可读性的要求，从写科普书的开始，我就请夫人刘月兰做第一个读者，每写完两三章，就让她阅读，并区分出三种情况。第一种情况，内容适合中学生，写得也较通俗易懂，这部分就通过了；第二种情况，内容还比较合适，但写得不够通俗，用词太专业，对于这部分内容，我进一步在语言上下功夫；第三种情况，内容太深，不适于中学生阅读，这部分就删掉了。儿子焦长锐和儿媳周媛都是从事社会科学的，我也让他们阅读并提出修改意见。

科普书与教材的目的和要求大不一样。教材不管写得怎样，学生都要看下去，因为有考试的要求；而对于科普书来说，是读者自我教育自己，如果没有兴趣，看不下去，知识性再强，也达不到教育人的目的。因此，对科普书的最基本要求是趣味性和可读性。

自加入中国科学院老科学家科普演讲团后，每年给大、中、小学生作科普讲座的次数明显增多。这个经历使我对各种文化水平人群的兴趣点、接受知识的能力等有了直接的感受，因此，写作思路也发生了变化。以前总是首先考虑知识的系统性、完整性和逻辑性，现在我首先考虑从哪儿入手能引起读者的兴趣，然后逐渐展开。科普书不可能有小说或传记文学那样的动人情节，但科学上的新发现、科技在推动人类进步方面的巨大推动作用、优秀科学家的人格魅力，这些材料如果组织得好，也是可以引人入胜的。

内容是图书的灵魂，相同的题材，可以有不同的内容。在内容的选择上，我觉得科普书应该给读者最新的、前沿性的知识。在《月球文化与月球探测》一书中，我不是从介绍古老的"月相"问题入手，而是一开头就以最新的高清晰图片介绍月球的表面特征，使读者在惊讶之余，领略到航天科技的魅力。

在创作本丛书时，我尽力在有关的章节中体现这样的思想：科普图书不光是普及科学知识，更重要的是要弘扬科学精神、传播科学品德。太空探索之路是不平坦的，技术上充满了挑战，航天员还要面对生命危险。科学家们享受过成功的喜悦，也承受了一次次失败的打击。没有强烈的探索精神，没有坚强的战斗意志，人类不可能在太空探索方面取得如此辉煌的成就。

现在呈现给大家的"青少年太空探索科普丛书"，是一套系统介绍太阳系天体、空间环境、太空技术应用等方面知识的丛书，每册一个专题，具有相对独立性，整卷则使读者对当今重要的太空问题有系统的了解。各分册的书名是：月球文化与月球探测、揭开金星神秘的面纱、巨行星探秘、遨游太阳系、空间天气与人类社会、人类为什么要建空间站、太空资源、地外生命的 365 个问题、间谍卫星大揭秘、北斗卫星导航系统。经知识产权出版社编辑和领导的努力，这十本图书都已经入选新闻出版总署"十二五"国家重点图书出版规划项目。

本套科普丛书含有大量彩色图片，主要取自美国航空航天局（NASA）、太空网（space.com）、喷气与推进实验室（JPL）和欧洲空间局（ESA）的网站，也有少量图片取自英文维基百科全书等网站。考虑到科普书的特点，图片没有注明出处，在此对这些网站表示衷心的感谢。

焦维新

2013 年 11 月 12 日

# 前言：讲不完的月球故事

月球有讲不完的故事，光是月球的起源和演变，就有很多话题。但本书不准备系统地讲这些科学问题，而是着重介绍近年来人类探索月球所取得的最新成果。

从 2007 年开始，人类对月球的探测进入了新时期。由于科学目标明确，探测仪器先进，因此，尽管发射的卫星数量不多，但取得了以前无法获得的成果。

首先，从月球的整体特征谈起。目前拍摄的月球图像，可以分辨出几米的特征。我们结合这些高分辨率图像，细说月球正面、背面和南北极的特征。这些高分辨率图像确实令人震撼，看过之后，整个月球的风貌就可一目了然了。

其次，月球的局部也很有特色，美丽的虹湾、宽广的月海、连绵的高山、壮观的峡谷，如礼花绽放一样的陨石坑溅射物，还有带着神秘色彩的熔岩管。看到这些特色地区的景致，我们就会感到月球这个近邻还是蛮有特色的。

月球文化既有悠久的历史，又是一个新的话题。因为我们不会停留在历史上那些神话故事和美好的传说，而是结合当今社会的实际，深入探索这个问题，到底什么是月球文化？月球文化与月球探测有什么关系？

我们现在所掌握的月球知识，都是从以往的月球探测中获得的。要想进一步了解月球，需要进行深入的探索。在月球探测方面，我们简单地回顾了月球探测的历史，介绍了当前正在进行的探索。同时，我们还展望了未来的月球探测前景。

登月一直是中国人美好的愿望，嫦娥奔月的美好传说，已经给我们留下深刻的烙印。中华民族究竟什么时候能登上月球呢？登上月球后我们都能做些什么？在本书第六章"人类重返月球"和第八章"月球基地"中，读者可以得到答案。

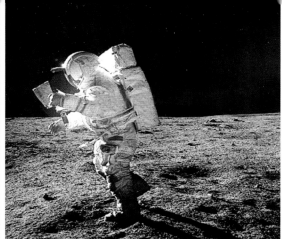
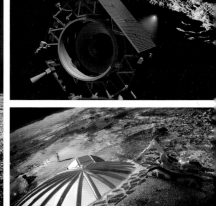

目录
CONTENTS

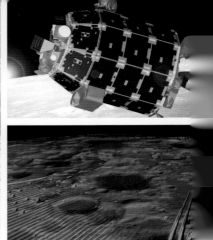

目 录
CONTENTS

比安岐尼

侏罗山

夏普

赫拉克利德角

拉普拉斯角

虹湾

拉普拉斯 A

月海延伸到高地的部分叫月湾。月球上最著名的月湾便是虹湾，意为"彩虹之湾"。虹湾以及其周围的山脉被认为是月球上最美的特征，为月球观测者们所钟爱。虹湾整体地势平坦，我国的"嫦娥三号"将在此地区着陆。

　　探索精神是人类的天性，从阿波罗宇航员迈向月球的第一步起，人类从未停止对未知世界的探索。左图为第一个登上月球的阿波罗 11 号宇航员，右图是美国发射的月球勘探者号探测器。

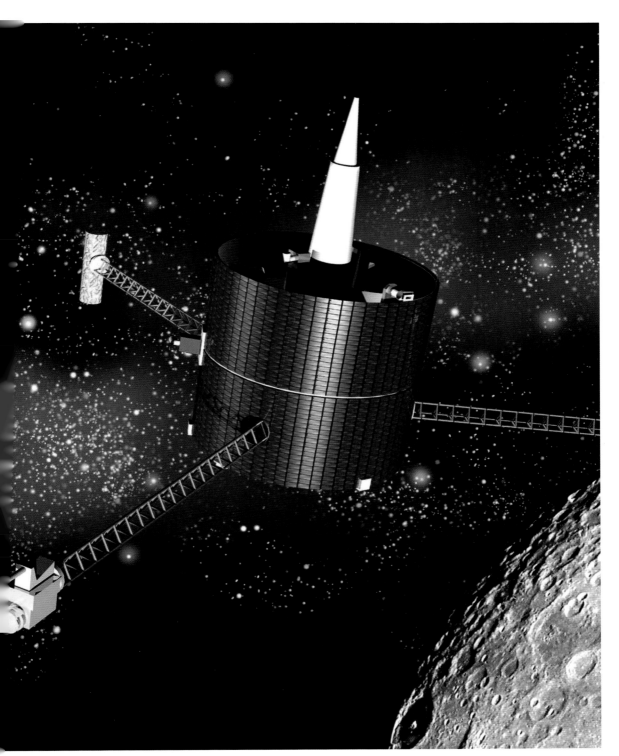

月球基地将成为未来人类定居月球、探索更深宇宙空间的中转站，图示为一种规模较大的固定月球基地，不仅建筑规模较大，而且还配备有大型施工机械。

# 第一章　月球概览

★ ★ ★《青少年太空探索科普丛书》★ ★ ★

# 月球文化与月球探测

# 1. 全球特征

## 1.1 正面与背面相差巨大

　　习惯上，人们把月球朝向地球那一面称为正面，另一面称为背面。由于月球始终是固定一面朝向地球，因此，如果不是借助于探月卫星，是不可能了解背面情况的。

　　现在情况变了，自 1958 年以来，人类发射了大量月球探测卫星，使我们同时获得月球两个面的知识。图 1-1 是月球的正面图，图 1-2 是背面图，这两张图是由美国月球勘察轨道器获得的。图中的颜色表示地势的高低，浅蓝和深蓝表示低洼，黄色与红色表示高原与高山。

图 1-1 月球正面　　　　　　　　　　　图 1-2 月球背面

　　从这两张图我们可以清楚地看出正面和背面的特点：正面的大部分区域地势平坦、低洼，只有少量的高原；月球背面则崎岖不平、高山林立，然而在南级附近却出现一个巨大的凹地。我们可以用两句话概括月球表面的特征：

　　正面：表面平坦，地势低洼，酷似一片大海。

　　背面：崎岖不平，高山林立，像是青藏高原。

## 1.2 北极与南极大体相同

图 1-3 是月球勘察轨道器拍摄的月球北极图像，宽度大约 600km，纬度范围是北纬 80°～90°。图 1-4 给出北极的光照情况。由于月球的自旋轴相对于轨道平面倾斜 2°，因此一些比较深的陨石坑底部终年见不到阳光。从图 1-3 可看出，月球北极地区的陨石坑密度是很高的，有些陨石坑也相当大。

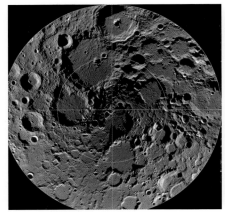

图 1-3 月球的北极

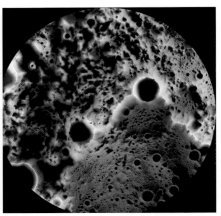

图 1-4 月球北极光照情况

印度发射的月球探测卫星"月球初航 1 号"携带了美国研制的小型合成孔径雷达，利用这个雷达，发现在月球北极地区的 40 多个小陨石坑中含有水冰，如图 1-5 所示。这些坑的直径在 1～9km，估计水冰总含量至少 6 亿吨。图 1-5 中的红圈表示新的陨石坑，绿圈表示不规则陨石坑。

图 1-6 给出月球南极地形图，图 1-7 是南极光照情况。与北极类似，一些较深的陨石坑底部终年不见阳光。

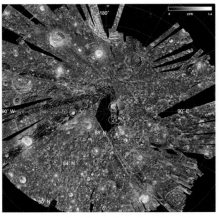

图 1-5 月球北极含有水冰的陨石坑

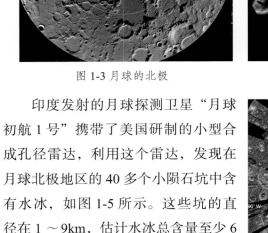

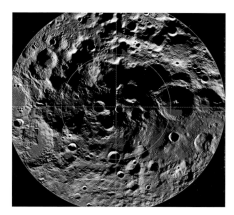
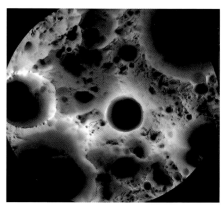

图 1-6 月球的南极　　　　　　　　　图 1-7 月球南极光照情况

图 1-8 给出南极附近的著名陨石坑。2009 年 10 月 9 日，美国发射的"月球陨石坑观测与遥感卫星"（LCROSS）撞击到卡比尤斯陨石坑，根据对撞击抛射物的分析发现，陨石坑挥发物中水的含量为（5.6±2.9）%，此外还有硫化氢、氨和二氧化碳等。

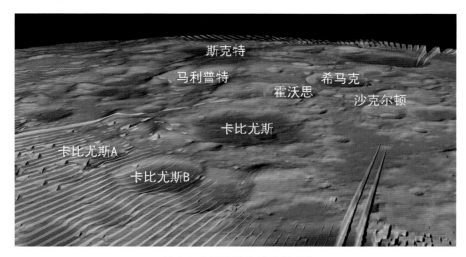

图 1-8 南极附近的著名陨石坑

1999 年 7 月 31 日，美国的月球勘探者卫星在完成月球的探测任务后，撞击到希马克陨石坑，本来希望发现水冰的迹象，但一无所获。

南极的温度虽然很低，但日夜温度变化不大，这一特点说明，南极地区适合人类未来建立月球基地。美国计划将沙克尔顿和马利普特陨石坑作为月球基地的候选点。

## 1.3 公转与自转周期相等

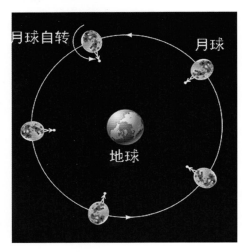

图1-9月球公转与自转示意图

月球的轨道很接近圆形（偏心率约0.0549），到地球的平均距离约384 000km，大约为60个地球半径；最小距离为363 000km，最大距离为405 000km。

月球的自转和围绕地球公转的周期相同，都是27天7小时43分钟，这称为"同步旋转"，因此从地球上看，月球总是以同一半球朝向地球。图1-9给出月球公转与自转的示意图。

## 1.4 大小与质量远低地球

图1-10航天员在月球表面跳跃式前进

月球的平均半径为1738km，是地球半径的27.28%，体积为地球体积的2%。月球的质量仅为地球质量的1/81.3，表面重力加速度大约是地球的1/6。也就是说，如果一个人的体重是60kg，那么到月球上他的体重就变为10kg，变得身轻如燕。如果在地球上体育成绩一般，在月球上说不定会打破世界纪录呢！但实际情况并不是这样，人类已经习惯了在一个重力加速度环境下生活，如果真到1/6重力加速度的环境，都不知怎么走路才好。如乘阿波罗飞船到达月球表面的航天员，在月球表面上是以双脚跳跃的形式行走的，见图 1-10。

## 1.5 表面与近月环境恶劣

月球基本没有大气，表面气压仅为地球大气压的 $10^{-14}$，只有用专门的仪器才能测量出如此微小的压强。大气的主要成分是氢、氦、氖和氩，其中氢和氖以及 90% 的氦来自太阳风；其余的氦和 $^{40}Ar$ 来自放射性衰变；大约 10% 的氩是 $^{39}Ar$，来自太阳风。

由于没有大气层的调节作用，月球表面日夜温差很大，白天平均气温可达 107℃，夜间平均气温降低到 –153℃。图 1-11 和图 1-12 分别给出月球白天和夜间的温度分布。

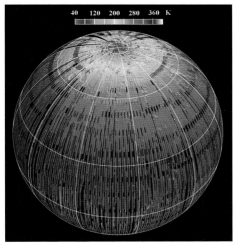

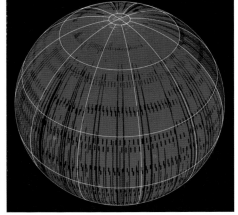

图 1-11 月球白天的温度分布　　　　　　图 1-12 月球夜间的温度分布

月球没有明显的磁场存在，但月球的岩石有极微弱的剩磁，这表明月球可能曾经有过较弱的全球性偶极磁场（天文学专有名词），但这个磁场大约在 36 亿～39 亿年前就消失了。由于没有强磁场，太阳风粒子可以直接打到月球的表面，使得月球表面　具有很强的辐射。另一方面，由于太阳风可以直接到达月球表面，这样，太阳风粒子可以沉积在月球表面的粉尘（也称月壤）中。

## 1.6 氦－3 与矿物资源丰富

太阳风中含有一定数量的氦–3，由于太阳风能直接撞击到月球表面，沉积在月壤中，所以月壤中含有氦–3。氦–3 可以和氢的同位素发生核聚变反应，但是与一般的核聚变反应不同，氦–3 在聚变过程中不产生中子，所以放射性小，而且反应过程易于控制，既环保又安全，但是地球上氦–3 的储量总共不超过几百公斤，难以满足人类的需要。科学家发现，虽然地球上氦–3 的储量非常少，但是在月球上，它的储量却是非常可观的。据估算，月球上的氦–3 含量超过100 万吨，但大量地从月壤中提取氦–3 也是很困难的事情。

稀土就是化学元素周期表中镧系元素，如镧、铈、镨以及与镧系的 15 个元素密切相关的元素——钪和钇共 17 种元素。因其天然丰度小，又以氧化物或含氧酸盐矿物共生形式存在，故叫"稀土"。

稀土元素已广泛应用于电子、石油化工和军事等领域。由于稀土元素的用途日益广泛，因此在地球上世界各国对稀土元素的需求越来越大，导致稀土元素供不应求。但在月球上，这类元素的蕴藏量是相当丰富的。

# 2. 局部特征

## 2.1 辽阔的月海

在图 1-13 中看上去为暗黑的区域称为"月海",在图 1-1 月球正面的彩色图中为浅蓝色和蓝色区域。月海实际上是低洼区域或平原,一滴水也没有,反照率很小(0.05 ~ 0.08)。月面上有 23 个月海(包括一个洋),其中有 19 个在朝向地球的半个月球(正面)上,图 1-13 中只列举了一部分,还有 4 个月海位于边缘地区,3 个位于月球背面。正面的月海面积约占月球正面面积的 50%,而背面上的月海只占其半球面积的 2.5%。月海比月球平均水准面低 1 ~ 4km,大多呈圆或椭圆形,四周被一些山脉封闭,但也有几个海联成一片。月海的面积占月面总面积的 16%。最大的月海是风暴洋,面积约 500 万 km$^2$,约等于 9 个法国的面积。其次是雨海,面积约 88.7 万 km$^2$。较大的还有澄海、丰富海、危海、云海等。美国"阿波罗"飞船曾 6 次在月海上登陆,如阿波罗 11 号、阿波罗 17 号着陆于静海,阿波罗 12 号着陆于风暴洋。

图 1-13 月球正面全图

## 2.2 美丽的 " 彩虹 "

月海延伸到高地的部分叫月湾。月球最大的月湾是中央湾(Sinus Medii),位于月球赤道和本初子午线交点处。从地球上看来,它位于月球正面的中央,因此而得名。该地区是月球上距离地球最近的点,从这里看地球

总是位于头顶。但最著名的月湾是虹湾（Sinus Iridium），意为"彩虹之湾"。虹湾是月球雨海西北部延伸出来的一个玄武岩平原，它从东北部到西南部由侏罗山所包围。虹湾在西南部突出的区域称作赫拉克利德角，东北部称作拉普拉斯角。虹湾以及其周围的山脉被认为是月球上最美的特征，为月球观测者们所钟爱。虹湾整体上看地势平坦，我国的"嫦娥三号"将在此地区着陆。图 1-14 给出虹湾的地形图。

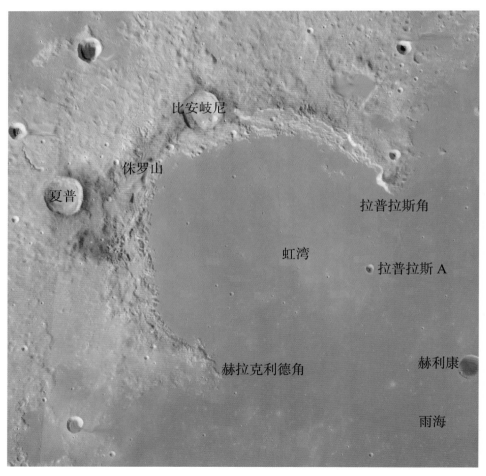

图 1-14 虹湾

## 2.3 绽放的"礼花"

在月球上一些陨石坑的附近保存着当年撞击时的抛射物，形如绽放的礼花，也有人比喻为星暴，如图 1-15 所示。这幅图像如同岩浆雨落到表面，图中的两个低反射率的暗点表示二次撞击点，这个陨石坑的直径为 2.2km。

图 1-16 显示了斜撞击产生的不对称抛射物，这个陨石坑的直径约 220m。

图 1-15 陨石坑周围的抛射物　　　　图 1-16 斜撞击产生的不对称抛射物

## 2.4 月球的珠峰

月球表面高出月海的地区均称为高地。在月球正面，高地的总面积与月海的总面积大体相等；而在月球背面，则高地面积要大得多。高地一般比月海高 2 ～ 3km，主要由浅色斜长岩组成，对阳光的反射率较大，用肉眼看到月球上洁白发亮的部分就是高地。

月球表面上分布有连续、险峻的山峰带，称之为山脉。这些山脉大多数是以地球上的山脉命名的，如高加索山脉、亚平宁山脉和阿尔卑斯山脉等，其中亚平宁山脉是月球上最大的山脉（见图 1-17），其总长约 600km，一些山峰高于 5km。亚平宁山脉包含数个已命名的山峰，从西到东北分别为：沃尔夫山、安培山、惠更斯山（常被列为月球上的最高山，但不是最高点）、布兰德利山、哈德利德尔塔和哈德利山。

图 1-17 亚平宁山脉

地球的最高峰是珠穆朗玛峰，海拔 8848m；而月球的最高峰根据美国月球勘察轨道器测量的结果，在恩格尔哈特（Engel'gradt）陨石坑附近，比珠峰高 1938m，为 10 786m。这两个峰的主要不同之处在于珠峰非常陡峭，而月球最高峰的坡度只有 3°。恩格尔哈特陨石坑位于北纬 5.4125° 西经 159.0°。图 1-18 给出月球最高峰的位置，如图中红色箭头所指示的。图 1-19 给出最高峰在月球的位置。

图 1-18 月球的最高峰（红色箭头所示位置）

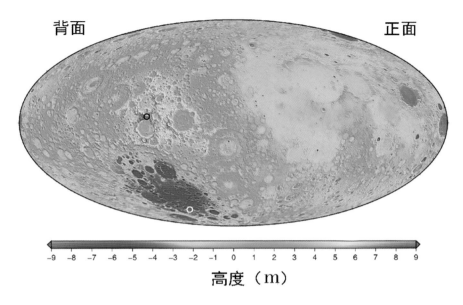

图 1-19 最高峰在月球的位置

## 2.5 壮观的峡谷

在月球表面不少地区曾发现一些黑的大裂缝，绵延数百公里，宽度达几千米到几十千米。通常将月表较宽的峡谷称为"月谷"（Valleys），而把细长的小谷称为"月溪"（Riles）。

月球上最长的峡谷是斯涅利玛斯峡谷，长约592km。但最壮观的峡谷当属施罗特里峡谷，号称"月球大峡谷"，如图1-20所示。该峡谷由三部分组成：眼镜蛇头（俗称）、主峡谷（155km）与内峡谷（204km）。

图 1-20 施罗特里大峡谷

## 2.6 神秘的熔岩管

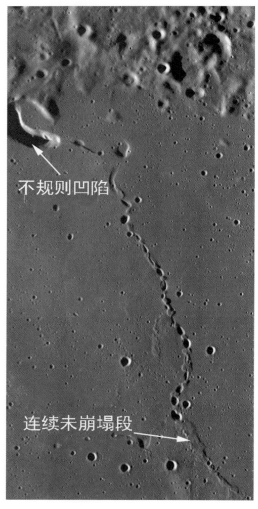

图 1-21 熔岩管

月球熔岩管是月球表面之下由玄武岩质熔岩流动而形成的通道。熔岩管的表面冷却以后会硬化形成顶部，而底下则是有岩浆流动的管状区域。一旦熔岩流减少，这样的管道就会成为通道。图 1-21 给出一个熔岩管，上面的塌陷区可能是岩熔的源区，中间的管道已经崩塌，下面有一部分还没有崩塌，在表面下可能有管道。

在月球上同时有月溪和熔岩管的一个典型区域就是马利厄斯丘陵。2008 年日本的月球探测器宣布在该区域发现了熔岩管的开口。

月球的熔岩管也许可以作为人类未来在月球居住区域的遮蔽物。直径大于 300m 的熔岩管也许存在，并且深度 40m 以下的玄武岩质熔岩管也许温度会是稳定的 −20℃。这些天然通道可以作为宇宙线、陨石、微流星体和撞击事件的喷发物的屏蔽物。而熔岩管和月球表面的温度变化隔绝，可以成为稳定的居住环境。

美国的月球勘察轨道器还观测到熔岩管的"天窗"（skylight），是熔岩管崩塌的地方，如图 1-22 所示。这个孔位于智海，直径约 130m，比以前在月球正面发现的要大。如果在孔的下面存在巨大的管道，那对于人类在月面

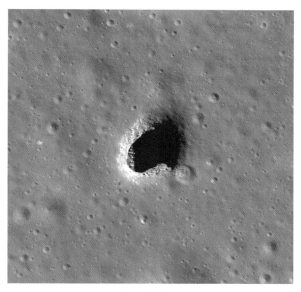

图 1-22 熔岩管的"天窗"

上的活动是很有用的。因为这相当于一个巨大的地下室，温度恒定，而且还能屏蔽辐射。

## 2.7 巨大的盆地

月球表面疤痕累累，有大量的陨石坑，其大小不一，从直径几百千米的月海盆地到岩石表面上的微坑。据统计，月球表面直径大于 1km 的陨击坑总数在 33 000 个以上，总面积约占月球表面积的 7%～10%，直径大于 1m 的陨击坑总数高达 3 万亿个。你看，月球还有没被撞击过的地方吗？

根据形态，可将月球上的陨石坑分为三种类型：简单陨石坑、复杂陨石坑和撞击盆地。

最小的陨石坑是简单的碗形（图 1-23a），周围有圆边和抛射物表层，直径小于 15km。随着陨石坑直径的增大，陨石坑的形状变得更复杂，包括平的底、中心隆起（单峰、双峰、内壁上出现阶梯形）（图 1-23b）或环（图 1-23c）。图 1-23d 是多环盆地，它的直径为 930km。在月球上已经辨别出大约 53 个这样的盆地，最著名的是南极艾特肯盆地。

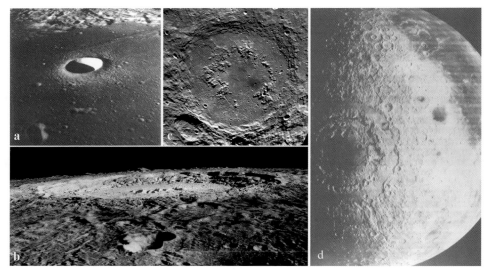

图 1-23 月球上的各种陨石坑

艾特肯盆地是月球上最大的撞击坑，直径大约 2500km，深度在 8km 以上，它是整个太阳系中已知最大的陨石坑，也是被公认的月球上最大、最古老和最深的盆地（见图 1-24 椭圆线包围的区域）。

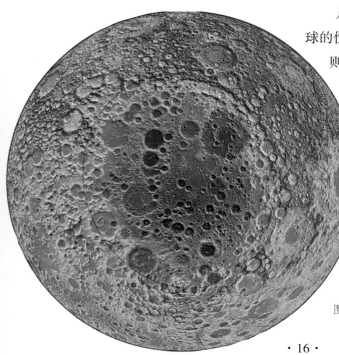

月球上的每个陨石坑都反映了月球的伤痛，那密密麻麻的陨石坑整体，则是月球受撞击历史的记录。最新统计表明，月球表面直径大于 20km 的陨石坑达 5185 个（见图 1-25）。一般来说，陨石坑大小是撞击体直径的 20 倍。这样算来，月球在历史上受到 1km 以上天体撞击的次数已经 5000 多次。对于有人类居住的地球来说，1km 直

图 1-24 月球南极的艾特肯盆地

径的天体撞击是造成全球灾难的阈值。这个统计说明，月球已经受到5000多次全球毁灭性的撞击。月球距离地球那么近（从天文的尺度看），月球受到如此严重的撞击，难道地球就可以幸免于难吗？如果地球也曾受到类似撞击，那么撞击发生在什么时期？

我们可以这样描述月球上的陨石坑（如图1-26）：

满目萧然遍地坑，

茫茫月海水无踪。

纵有吴刚难酿酒，

嫦娥后悔到月宫。

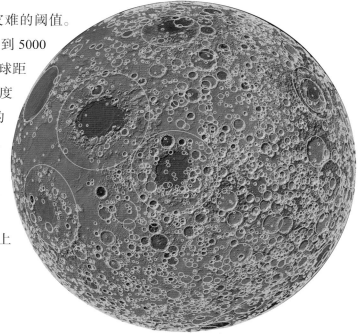

图 1-25 月球表面直径 20km 以上陨石坑分布

图 1-26 月球上的陨石坑

## 2.8 最长的峭壁

阿尔泰峭壁位于月球正面东南半球，以亚洲的阿尔泰山命名，长427km，高1km，是月球上最长的峭壁（见图1-27）。其东南端绵延至皮克罗米厄陨石坑的西侧（见图1-28），然后不规则地向西北延伸，在费马特陨石坑东面直接向北，攀爬到近1km的高度。阿尔泰峭壁构成了盆地酒海的西南边缘。

图 1-27 阿尔泰峭壁

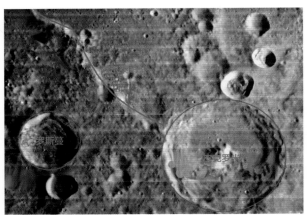

图 1-28 阿尔泰峭壁的东南端

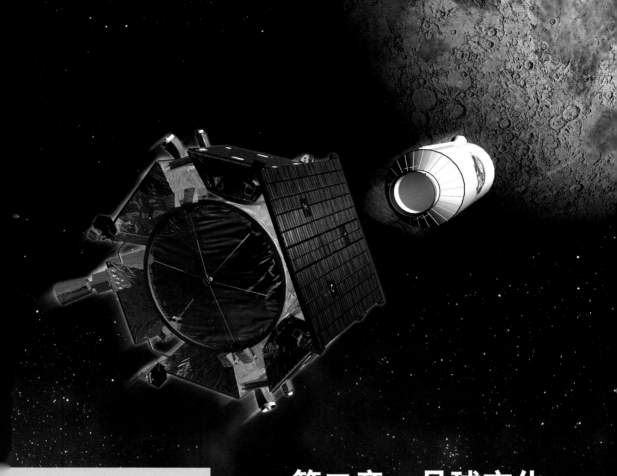

第二章　月球文化

# 1. 月球文化的内涵

月球文化是指月球的存在对人类的知识、文学、艺术、信仰、习俗、思维方式等的影响和渗透，可以这样说，人类文化与月球有不解之缘。同时，月球文化的发展又激发了人们进一步关注月球、深入了解月球，促进月球探测和月球科学的发展。

## 1.1 月球与文学艺术

月亮是人类用肉眼就能分辨出表面结构的天体，虽然它日复一日、年复一年地围绕地球运动，但总是不断地给人们一些新意。不管是十五的圆月，还是弯弯的月牙，都能给人们带来无限的遐想。因此，无论是古典文学还是现代文学，以月亮为题材的作品可以说比比皆是。

中国古典文学的瑰宝之一是诗歌，其中与月亮有关的作品是非常多的。古诗对月球有许多精彩的描述，同时借助于月球表达思情的联想、情感的宣泄，甚至引发对宇宙永恒、人生短暂的慨叹。

对于月球的描述我们可以找到很多诗篇，如李白在《峨眉山月歌》中写道："峨眉山月半轮秋，影入平羌江水流。"白居易《暮江吟》中是这样描写月牙的："可怜九月初三夜，露似珍珠月似弓。"至于描写月光的诗，那当属李白的"床前明月光，疑是地上霜。"

早在南北朝时，乐府民歌就将月亮与人们的感情联系在一起："秋风入窗里，罗帐起飘扬。仰头看明月，寄情千里光。金风扇素节，玉露凝成霜。登高去来雁，惆怅客心伤。"

许多诗歌都把月亮"阴晴圆缺"的变化与思乡之情联系在一起。苏轼的那首《水调歌头》脍炙人口："人有悲欢离合，月有阴晴圆缺，此事古难全。但愿人长久，千里共婵娟。"唐朝牛希济的《生查子》写得更明确："新月曲如眉，未有团圆意。红豆不堪看，满眼相思泪。"

俗话说"诗言志",诗歌最能表达人的志向了,古今中外都是如此。李白"俱怀逸兴壮思飞,欲上青天揽明月",表达了"诗仙"想飞上九天揽明月的豪情壮志,这不仅反映酒酣之时的兴致,更是他崇高理想和远大抱负的真实流露。再如李白的《金陵城西楼月下吟》写道:

金陵夜寂凉风发,独上高楼望吴越。

白云映水摇空城,白露垂珠滴秋月。

月下沉吟久不归,古来相接眼中稀。

解道澄江净如练,令人长忆谢玄晖。

"谢玄晖"指的是南齐诗人谢朓的字。诗人描绘的是一幅空灵洁净的月夜之景:白云、城垣倒映在江中,清清的露水像垂珠似的从月光中滴洒下来,走进其中让人身心涤荡。诗人借月下之景表露出自己喜爱洁白、仰慕谢朓、追慕高远的情怀。

"明月何时有,把酒问青天",是让我们思考月球是怎样起源的。诗仙李白在《把酒问月》中也发出同样的感慨:"青天有月来几时?我今停杯一问之。人攀明月不可得,月行却与人相随。"

在一些诗句中,诗人有感于明月长存而人生短暂,人类无法改变这一自然规律,因此就更应当珍惜今生的点滴光阴,在瞬间把握永恒。李白的"古人今人若流水,共看明月皆如此。唯愿当歌对酒时,月光长照金樽里"表达了这种感慨。再如张若虚的千古绝唱《春江花月夜》中点睛之句"江畔何人初见月,江月何年初照人",则包含了作者由月而引发的对宇宙终极意义的思考和对人类个体命运稍纵即逝的慨叹。

至于现代歌曲、乐曲和戏曲,与月亮有关的就更多了,如歌曲《十五的月亮》《月亮代表我的心》《月光下的凤尾竹》《花好月圆》《彩月追月》《月儿高》等等。

国外的流行歌曲也有许多与月亮有关,一家网站还评选出20世纪十佳月亮歌曲,其中一首就是大家比较熟悉的《蓝月亮》。

国外经典音乐也不乏月亮,如贝多芬的《月光奏鸣曲》,克劳德·德彪西的《月光台》。

我国传统戏曲京剧和豫剧也推出了《嫦娥奔月》。在绘画和摄影作品中，也有相当多以月球为题材的。

如今，在电影、电视以及电脑动画等现代化媒体中，也包含了大量以月亮为主题的作品。

## 1.2 月球与神话和科幻

在远古时代，尽管生产力非常落后，但人们不乏想象力，在漫长的岁月中，创作出许多美妙绝伦的神话故事。这些神话有描写开天辟地的，有解释大自然的，还有歌颂各种英雄的，其中有不少是与月球有关。

说起神话，人们自然想到中国古代的神话故事"嫦娥奔月"。传说中的嫦娥偷吃了丈夫后羿从西王母那儿讨来的不死之药后，飞到月宫。但琼楼玉宇，高处不胜寒，嫦娥向丈夫倾诉懊悔后，又说："明天乃月圆之时，你用面粉做丸，团成圆月形状，放在屋子的西北方向，然后再连续呼唤我的名字。三更时分，我就可以回家来了。"后羿照妻子的吩咐去做，嫦娥果然由月中飞来，夫妻团聚。中秋节做月饼供嫦娥的风俗，也是由此形成，表现出世人渴望美好团圆，渴望幸福生活的情感宿求。

中国有嫦娥奔月，西方有月亮女神。印度教则认为月球是众神的酒杯，因此同时也是酒神。

如果说神话有些太离奇，科学幻想则赋予了某种程度的可能性。因为科幻小说最大的特征在于，它赋予了"幻想"依靠科技在未来得以实现的极大可能，甚至有些"科学幻想"在多年以后，的确在科学上成为了现实。19世纪末，20世纪初，欧洲出现了两位重要的小说家，法国人儒勒·凡尔纳和英国人赫伯特·乔治·威尔斯，他们是公认的科幻小说奠基人。《从地球到月球》（1866）、《环绕月球》就是儒勒·凡尔纳的作品。

1901年，威尔斯发表了《最早登上月球的人》，大胆幻想人类靠一种"可以隔断万有引力的物质"登上了月球。威尔斯的月球不是荒凉寂寞的，而更像是另一个地球。月球人的社会接近蚂蚁的制度，拥有最高智慧的"月球大王"四肢萎缩，脑袋却膨胀巨大——这种形象在后来虽然有所改变，但"大脑袋"

成了科幻小说中历来对外星人的"标准形象"。

在现代的科幻作品中，主题有到月球旅行的、在月球上定居的，还有到月球殖民的。图 2-1 给出一部分科幻小说的封面与科幻影视作品剧照。

图 2-1 科幻小说封面与科幻影视剧照

（1）科幻小说《月球上第一人》封面　　　（2）科幻小说《火箭船伽利略》封面

（3）科幻小说《严厉的月亮》封面　　　　（4）科幻小说《穿过墙的猫》封面

（5）科幻小说《我们所知道的生命》封面　（6）科幻电影《2001 太空奥德赛》剧照

（7）科幻电影《阿波罗 18》剧照　　　　（8）科幻电影《月球》剧照

## 1.3 月球与历法

在介绍月球与历法之前，我们首先简单地介绍关于月相的知识。

"人有悲欢离合，月有阴晴圆缺"，这里的"圆缺"就是指月相变化：在地球上所看到的月球被日光照亮部分的不同形象。

月球绕地球运动，使太阳、地球、月球三者的相对位置在一个月中有规律地变动。因为月球本身不发光，且不透明，月球可见发亮部分是反射太阳光的部分。只有月球直接被太阳照射的部分才能反射太阳光。我们从不同的角度上看到月球被太阳直接照射的部分，这就是月相的来源。月相不是由于地球遮住太阳所造成的（这是月食），而是由于我们只能看到月球上被太阳照到的那一半的一部分所造成的，其阴影部分是月球自己的阴暗面。

当地球位于月球和太阳之间时，我们可以看到整个被太阳直射的月球部分，这就是满月。当月球位于地球和太阳之间时，我们只能看到月球不被太阳照射的部分，这就是朔。而当首度再见到月球明亮的部分时，称为"新月"。当地月连线和日月连线正好成直角时，我们正好可以看到月球被太阳直射的部分的一半，这就是弦月（半月）。

月相的更替周期是 29.53 天，称为一个朔望月，它是历法中历月和星期的来源。这个时间比月球公转的时间（恒星月）要长，因为当月球绕地球公转时，地球也在绕太阳公转，在一个朔望月期间，月球大约要绕（360+360×29.53/365.24）=389.11°（公转只绕360°）。所以一恒星月大

图 2-2 月相

约为 29.53×360/389.11=27.32 天。图 2-2 给出月球在不同位置时被太阳照射的部分。图 2-3 是 2013 年 1 月的月相。

图 2-3 2013 年 1 月的月相

历法是用年、月、日等时间单位计算时间的方法，主要分为阳历、阴历和阴阳历三种。

阴历在天文学中主要指按月亮的月相周期来安排的历法。以月球绕行地球一周（以太阳为参照物，实际月球运行超过一周）为一月，即以朔望月作为确定历月的基础，一年为十二个历月的一种历法。朔望月的平均长度是29.53 天，通常取大约为 30 天，小月为 29 天，使历月的平均值大致等于朔望月，并取朔日为历月的初一。年的长短只是历月的整倍数，通常取 1 年为 12 月。这样阴历的 1 年比回归年短 11 天。阴历不考虑地球绕太阳的运行，因此使得四季的变化在阴历上就没有固定的时间，它不能反映季节，这是一个很大的缺点。为了克服这个缺点，后来人们定了一个折中的历，就是所谓阴阳合历。现在我国还在使用的农历，就是这种阴阳合历。它跟阴历一样，也把月亮圆缺一次的时间定作一个月，也是大月 30 天，小月 29 天，可是它又用加闰月的办法，使得平均每年的天数跟阳历全年的天数相接近，用以调整四季。夏历约每过两三年多一个闰月。

## 1.4 月球与潮汐

潮汐是海水周期性涨落现象。因白天为朝，夜晚为夕，所以把白天出现的海水涨落称为"潮"，夜晚出现的海水涨落称为"汐"。这种现象曾使古人很纳闷，不知究竟是什么原因造成的。后来细心的人们发现，潮汐每天都要推迟一会儿，而这一时间和月亮每天迟到的时间是一样的，因此想到潮汐和月球有着必然的联系。

从物理学的角度看，任何天体对另一天体不同部分与其中心的引力差称为"潮汐力"。对一个天体的合力决定了其质心的加速度，而潮汐力可以使天体变形，也可以产生影响其转动状态的力矩。

月球的自旋周期与围绕地球公转的轨道周期相等，因此月球总是同一面朝向地球，并总是在那个方向上被拉长。地球的自旋周期比地–月轨道周期短，于是，地球的不同部分指向月球，并被潮汐力拉伸。地球上的水比固体地球更容易受潮汐变化的影响，引起在海岸线看到的水平面变化。地球自旋与月球轨道运动效应的组合，使得月球大约每 25 小时通过地球给定地点的上方，每天总有两次潮汐，我们看到的主要潮汐是半日潮汐。

图 2-4 钱塘江大潮

　　潮汐是与月球有密切关系的一种自然现象，但潮汐也给文人墨客带来了创作灵感，涌现出许多关于潮汐的诗词和对联。苏轼的《八月十七复登望海楼》是人们比较熟悉的一首诗，其中这样描写人们争相看潮的景象："天台桂子为谁香，倦听空阶夜点凉。赖有明朝看潮在，万人空巷斗新妆。"图 2-4是钱塘江大潮的情景。

　　在山海关孟姜女庙有一副对联，读者试试怎样断句：

　　海水朝朝朝朝朝朝朝落

　　浮云长长长长长长长消

# 2. 月球文化与月球探测

## 2.1 月球探测的文化内涵

人类探索月球的过程中，也具有丰富的文化内涵。这表现在以下几方面：

### （1）月球探测器的名称

人类所发射的月球探测器的名称也是有讲究的，其中一些具有文化色彩，如以古代神话中的人物命名。我国的嫦娥探月卫星就是一个典型的例子。此外，日本的探月卫星称为"月球女神"；美国的载人登月计划称为阿波罗计划，阿波罗是希腊神话中的光明之神、文艺之神，罗马神话中的太阳神。

### （2）月球陨石坑的命名

天文学家在给月球上的陨石坑起名字时，用世界著名的科学家与思想家的名字来命名。这一规定沿用至今。如著名的哥白尼陨石坑、阿基米德陨石坑、牛顿陨石坑、卡西尼陨石坑等。月球背面的陨石坑中，有四座分别以我国古代天文学家名字命名：石申陨石坑、张衡陨石坑、祖冲之陨石坑和郭守敬陨石坑。另外，还有为纪念一位传说为尝试飞向天空而献身的中国明代官员万户而命名的万户陨石坑。在月球正面有一座陨石坑是以中国现代天文学家高平子命名的。

## 2.2 中国的探月标志

图 2-5 是中国的探月标志。以中国书法的笔触，抽象地勾勒出一轮圆月，一双脚印踏在其上，象征着月球探测的终极梦想，圆弧的起笔处自然形成龙头，象征中国航天如巨龙腾空而起，落笔处是一群自由飞翔的和平鸽，表达了中国和平利用空间的美好愿望。

图 2-5 中国的探月标志

在国防科工委等单位共同组织下，开展了"嫦娥一号"卫星播放歌曲的评选活动，最终选定了30首曲目，这些都是在中国脍炙人口的歌曲，如《谁不说俺家乡好》、《爱我中华》、《歌唱祖国》、《梁山伯与祝英台》、《我的祖国》、《走进新时代》、《二泉映月》、《黄河颂》、《青藏高原》、《长江之歌》、《在希望的田野上》、《春天的故事》、《七子之歌》、《我的中国心》、《高山流水》、《草原上升起不落的太阳》、《阿里山的姑娘》、《贵妃醉酒》选段、《难忘今宵》、《歌声与微笑》、《春节序曲》、《半个月亮爬上来》、《游园惊梦》选段、《富饶辽阔的阿拉善》、《良宵》、《十二木卡姆》选曲、《东方之珠》、《在那遥远的地方》、《我是中国人》和《但愿人长久》。

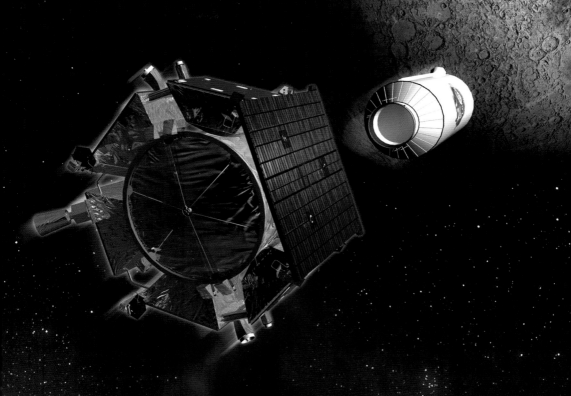

# 第三章　月球探测回顾

# 1. 高峰期

从苏联于 1959 年发射第一颗月球探测器开始，到 1976 年苏联发射月球 24 号为止，这个期间属于高峰期。这期间的月球探测有 4 个特点：发射数量多，但成功率低；实现了 5 种探测方式，即飞越、硬着陆及软着陆、环绕、取样返回和载人登月；政治竞争是驱动力，苏联赢得了开始，美国笑到了最后；科学目标不够明确。

## 1.1 美苏都想用原子弹炸月球

看到这个题目可能读者就有疑问，难道美苏两国的科学家发疯了吗？干嘛要跟月球过不去呢？这种建议确确实实提出过，而且都有自己的理论根据。

先说美国学者的考虑，提出这个建议的是美国著名的流星体研究专家尼宁哲（Nininger），他认为，当月球上大的陨石坑形成或者火山喷发时，产生的抛射物能穿透地球的大气层，到达地球表面，形成自然的玻璃——玻陨石。为了证明这个理论，他建议用导弹撞击月球，或者在月球上爆炸一颗原子弹，产生的碎片足以到达地球。根据他的估算，进入地球大气层的碎片的速度将比典型的流星体速度低几倍，因此观察碎片进入大气层的机会是很大的。尼宁哲的这个建议没有被采纳，原因是一旦发射失败，原子弹在本国的国土上爆炸，后果不堪设想。

1955 年苏联开始研制月球探测器。当时的一个设计组提出了 4 种探测器方案。第一种是 E1，质量为 170 千克，任务是撞击月球，在临近月球表面时收集一些简单的科学数据。E2 和 E3 的质量都是 280 千克，在探测仪器和高度控制方面有些不同，任务是拍摄月球背面的照片并将这些照片发回到地球。E4 的质量为 400 千克，任务是将一颗小型原子弹在月球正面引爆，产生令人惊奇的视觉效果，同时用遥感仪器分析爆炸时月壤的蒸汽，以便获得月壤以及月球表面成分的信息。E4 在完成了实体模型后就终止了，主要原因是发射

风险大，担心落到地球上。

从美苏学者提出的这个馊主意可以看出，在探月之初，两国的学者对于探什么、怎样探这个基本问题没有完全搞清楚。

## 1.2 苏联赢得了开始

1959 年 1 月 2 日，苏联成功地发射了月球 1 号（Luna1）探测器。本来是想让它撞击到月球表面，但由于地面控制系统出现了问题，使末级火箭的点火时间出现误差，导致月球 1 号在距离月球表面 5995 千米外掠过月球，成为第一颗摆脱地球引力场的航天器，最终命运是成为第一颗人造行星，它围绕太阳公转，周期为 450 天。但苏联人也很会宣传，说月球 1 号是世界上第一颗飞越月球的探测器，你看，虽然有失误，但创造了一项世界第一。图 3-1 是月球 1 号探测器。

图 3-1 月球 1 号探测器

接着，苏联又连续创造了四项世界第一：第一颗撞击月球的探测器；第一次飞到月球背面，且发回了月球背面的图像的探测器；第一次在月面软着陆的探测器；第一颗月球卫星等。

苏联于 1959 年 9 月 12 日发射了月球 2 号探测器，并于 1959 年 9 月 14 日撞击到月球表面，成为世界上第一个在月球表面硬着陆的航天器。图 3-2 是月球 2 号探测器。

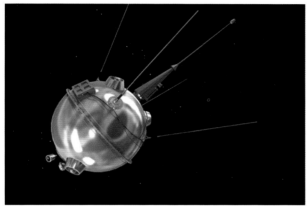

图 3-2 月球 2 号探测器

苏联于 1959 年 10 月 4 日发射了月球 3 号探测器，并于 10 月 7 日飞过月球背面，向地球发回了 29 帧图象，覆盖了月球背面 70% 的面积。它是世界上第一个拍到月球背面照片的航天器。在获得这些图像之后，苏联天文学家对月球背面的地貌进行了命名，如莫斯科海和克罗列夫陨石坑。月球 3 号后来成为一颗地球卫星。图 3-3 为月球 3 号探测器及其所拍摄的月球背面图像。

1966 年 1 月 31 日，苏联发射了月球 9 号探测器，并于 2 月 3 日格林威治

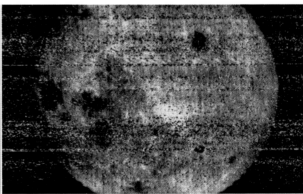

图 3-3 月球 3 号探测器及其拍摄的月球背面图像

时间 18 时 45 分 30 秒成功降落在月球北纬 7.13°、西经 64.37° 位于风暴洋附近的一个地点，成为世界上第一个在月球实现软着陆的探测器。图 3-4 为月球 9 号，左图是探测器整体，右图是着陆器。

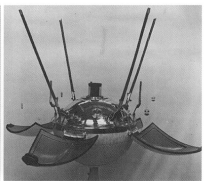

图 3-4 月球 9 号

1966 年 3 月 31 日，苏联发射了月球 10 号探测器，并在 4 月 3 日进入环绕月球的轨道，成为世界上第一颗人造月球卫星。

月球 10 号是用电池供电，围绕月球运行了 460 圈，向地球发回了大量探测数据。

在高峰期，苏联共发射了 24 颗月球系列探测器（Luna1 ～ Luna24），其中 Luna16、Luna18、Luna20 和 Luna24 是自动取样返回探测器；Luna17 和 Luna21 携带了月球车，并成功在月球着陆，图 3-5 是苏联的月球车模型。

除了 Luna 系列外，苏联在 1968 年到 1970 年间还发射了"探测器"（Zond）号系列，包括探测器 4 号到 8 号，环绕月球飞行，然后返回地球。其主要目的是为实现载人登月而验证返回技术。探测器的外形类似于联盟飞船，如图 3-6 所示。

图 3-5 苏联的月球车（模型）

图 3-6 苏联的探测器号

## 1.3 肯尼迪的苦恼

在苏联连续创造探月 5 项世界第一期间，美国也成功地发射了一些探测器，如徘徊者号（Ranger）、勘测者号（Surveyor）和月球轨道器（Lunar Orbiter），但每一步都落在苏联的后面。此时此刻美国的老百姓、新闻媒体和美国总统是一种什么心态呢？

其实，让美国总统上火的还不止月球探测。

1961 年，肯尼迪当选美国总统。像他的前任一样，肯尼迪也曾怀疑在太空探索中大把大把地花钱是否值得。但当年发生的一个事件彻底改变了他的想法。1961 年 4 月 12 日，苏联再次令世界震惊，他们成功地把一名航天员送入太空。苏联的最新成就再一次给肯尼迪政府带来尴尬，大多数美国人对美国总当"第二"已经感到很不耐烦。媒体开始向肯尼迪发难，问他打算怎么办。他的回答是："别人再怎么烦也没我烦得厉害，可事实是这需要时间。"新总统也试图寻找美国可能成为世界第一的其他科学领域，想以此避开太空竞赛问题。副总统林登·约翰逊认为，太空第一就是第一，句号。太空第二可能包含的意思就太泛了。他建议肯尼迪在美国实施把航天员送到月球的计划。

早在 1958 年 10 月，美国就正式成立了国家航空航天局（NASA）。

图 3-7 肯尼迪在会上发表人类登月计划的演讲

NASA 也曾制定了载人航天计划，包括水星计划和双子星座计划。在这两个计划之后启动阿波罗计划，以在太空中做"有意思"的工作，甚至把宇航员送入月球轨道（并未计划登月）。

1961 年 5 月 25 日，肯尼迪在参、众两院特别会议中宣布支持阿波罗计划（见图 3-7），他说："我相信这个民族能够齐聚一心全力以赴达到这个目标，即在 1970 年以前，人类将乘坐宇宙飞船登陆月球并且安全返回。没有任何一个太空项目能够超越它对人类的影响，超越它对宇宙远程空间探索的重大作用，也没有一个太空项目开发如此困难而且花费如此昂贵。"

此后，阿波罗计划也就变成了载人登月计划。双子星座计划很快变成了为复杂得多的阿波罗计划提供辅助航天器技术的任务。

## 1.4 美国笑到了最后

1969 年 7 月 20 日，阿波罗 11 号成功地降落在月球静海附近，尼尔·阿姆斯特朗和巴兹·奥尔德林成为首个踏上月球的航天员。准确的登月时间是 1969 年 7 月 20 日下午 4 时 17 分 43 秒（休斯顿时间）。1969 年 7 月 21 日凌晨 2 点 56 分（世界时），阿姆斯特朗的左脚踏上了月球，他说了一句后

图 3-8 阿波罗 11 号的航天员在月球上

来被广为流传的话："这是一个人的一小步，却是人类的一大步（That's one small step for a man, one giant leap for mankind）。"

两人在月球表面活动了两个半小时，在月面插上美国国旗（见图 3-8），使用钻探取得了月芯标本，拍摄了一些照片，也采集了 22 千克的月表岩石标本。

从 60 年代初期开始，"太空竞赛"的胜利"标准"被定义为率先登月。所以，从某种意义上讲，阿波罗 11 号的成功标志着美国在太空竞赛中的胜利。同样，阿姆斯特朗和奥尔德林在 1969 年 7 月登月，也完成了肯尼迪总统 1961 年 5 月 25 日宣布美国会在 1970 年之前将宇航员送上月球并成功返回的承诺。

虽然美国成功登月已经过去 40 多年了，但至今仍有人认为登月是骗局。其中一个理由就是来自图 3-8。有人质疑，既然月球上没有空气，没有风，为什么美国国旗能"迎风飘扬"呢？这不是假的是什么？其实，图 3-8 所显示的旗子并不是风吹起来的。如果仔细看，就会发现上面有个横杆，正是这个杆将旗子展开。飘动的样子也不是风吹的，是在航天员插旗子的时候，使旗子产生摆动。而月球上没有空气，因此也没有阻力，这就使得这种摆动在很长时间后才能停下来。

在阿波罗 11 号成功登月之后，阿波罗 12 号、14 号、15 号、16 号和 17 号相继成功登月，共有 12 名航天员踏上月球。

阿波罗 11 号的登月点在静海南部，这个地区比较平整，不会在降落和舱外活动时遇到太多困难。图 3-9 给出阿波罗 11 号的着陆点。图 3-10 是月球勘察轨道器拍摄的阿波罗 11 号着陆点。图中可清晰地辨别出登月舱、激光测距反射器以及丢弃的反射器盖，还有被动地震试验装置，就连航天员在月球

图 3-9 阿波罗 11 号着陆点

摄像机
登月舱
激光测距反射器
丢弃的盖
地震试验装置

图 3-10 月球勘察轨道器拍摄到的阿波罗 11 号着陆点

表面走动留下的痕迹都可以辨认出。各个阿波罗飞船的着陆点示于图 3-11。

　　阿波罗 11、12 和 14 号的着陆点基本都在平原地区，每次在月球表面停留的时间只有 1 天零几个小时，这几艘飞船都是以成功登月为基本目的。从阿波罗 15 号开始，航天员在月球表面停留的时间加长，这样可以进行更多的科学考察和试验活动。这些以科考为主要目标的飞行，在 NASA 的代号为"J"级。"J"是以使命的复杂程度为基础按字母顺序排列的。例如，阿波罗 8 号的代号为 C 基本级，阿波罗 9 号为 D 级，阿波罗 11 号为 G 级，而阿波罗 12、13 和 14 号则是 H 级飞行。

　　阿波罗 15 号是 J 级系列的首次飞行，登陆点为山区。从图 3-11 可看出，登月点位于两个月海中间，具体地点

图 3-11 阿波罗飞船的着陆点分布

称为哈得利溪。图 3-12 给出哈得利溪及其附近的地貌，图 3-13 给出航天员与月球车，也可从中了解着陆点附近的地形特征。

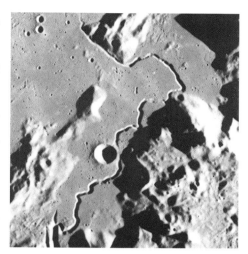

图 3-12 哈德利溪

指令长大卫·斯科特和登月舱驾驶员詹姆斯·艾尔文在月球表面停留了三天，在登月舱外的时间总长为十八个半小时。两位航天员历史上第一次驾驶月球车，这种月球车的最大速度为每小时 10 至 12 千米，意味着航天员们会有时间驶离登月舱很远而仍然有时间进行长时间的科学实验。与此同时，指令舱驾驶员阿尔弗莱德·沃尔登留在指令舱中环绕月球，使用科学仪器模块中的全景相机、伽马射线光谱仪、绘图相机、激光高度计、质谱仪和任务后期发射的子卫星等设备，对

图 3-13 阿波罗 15 号航天员乘坐的月球车

月球表面环境进行了详细的研究。

　　阿波罗 17 号于 1972 年 12 月 11 日 19 点 54 分（世界时）登上月球，是人类第六次也是迄今为止最后一次登月任务。阿波罗 17 号是阿波罗计划中唯一的夜间发射的任务，也为阿波罗计划画上了句号。

　　阿波罗计划中的唯一一位执行任务的科学家，地质学博士哈里森·施密特在阿波罗 17 号中担任登月舱驾驶员。他和塞尔南在 3 次月球行走时收集了111 千克的月球岩石标本。作为一次 J 类型的任务，阿波罗 17 号第 3 次使用了月球车，见图 3-14。3 次月表探索时间分别长达 7.2、7.6 以及 7.3 小时。阿波罗 17 号创造了阿波罗计划中的很多记录，包括最长的登月飞行；最长的月表行走时间；收集了最多的月球标本；也在月球轨道中航行了最长的时间。

图 3-14 航天员塞尔南驾驶月球车

作为从水星载人飞行到阿波罗计划之间的过渡，美国于 1961 年 11 月至 1966 年 11 月实施了"双子星座"计划。其主要任务是研究、发展载人登月的技术和训练航天员长时间飞行及舱外活动的能力，为阿波罗载人登月计划提供飞行经验，准备各种技术条件。该计划历时 5 年，完成了 10 次轨道飞行，每次 2 人，共花费 12.8 亿美元。此外，美国为实施阿波罗计划还研制了"徘徊者"、"勘探者"、"月球轨道器"、土星 5 号重型火箭，以及由逃逸系统、指令舱、服务舱和登月舱组成的阿波罗飞船，这些工作为 1969 年把人送上月球奠定了坚实的技术基础。

阿波罗计划从 1961 年开始实施到 1972 年结束。先后完成 6 次登月飞行，把 12 人送上月球并安全返回地面。将总重 381.7 公斤的月球矿石和月壤样品带回地球。对月球进行了一系列科学考察，使人类对月球的认识迈向了一个新台阶。六次登月共进行了月震、月磁、月球重力、热流、月壤电性等近 30 项科学试验。

阿波罗计划的总投资为 254 亿美元（1969 年），折合到 2005 年则为 1350 亿美元。其中阿波罗飞船和土星火箭的花费大约为 850 亿美元（2005 年）。

阿波罗给全世界人民留下深刻印象的是人类行走于另一个星球时的景象，这一壮举成为 20 世纪最轰动世界的一刻，而一名阿波罗 11 号航天员在月球上的照片，则成为现代化技术成就的一个全球性象征。甚至今天，人们对阿波罗的兴趣也集中在人类曾有过的经历上。

阿波罗 11 号成功返回后，美国为阿波罗 11 号成员举行了国宴，出席的有国会议员、44 位州长、首席大法官和 83 个国家的大使。总统尼克松和副总统斯派罗向每位航天员颁发了总统自由勋章。这次庆典只是一个长达 45 天的名为"一大步"巡游的开始，在这次巡游中，航天员们去了 25 个国家，期间还拜访了著名人物包括伊丽莎白二世女皇。许多国家为庆祝第一次载人登月都发行了纪念邮票或纪念币。

阿波罗登月激励了一代人。肯尼迪总统宣布启动阿波罗计划后，美国电视娱乐产业曾刮起一股太空热潮，登月科技惠及民众。

阿波罗计划带动了美国科技力量的整体提升，如液体燃料、自动控制、计算机技术领域等。阿波罗计划催生了3000多项重大科学技术专利，其中至少1000多项应用于国民经济，诞生了一大批新的产业群体，对美国经济发展起到了巨大的推动作用。

阿波罗计划在科学方面获得了10大发现，涉及到月球的起源和现状，极大地加深了人类对月球的认识。

## 1.5 苏联为什么输给美国

在探月竞赛中，苏联赢得了开始，美国笑到了最后。造成这种结局的主要原因是苏联的超重型运载火箭不过关，四次试验全都失败。没有大运载火箭，自然无法将人送到月球。

苏联的大运载火箭为什么失败？这里有三方面的原因：设计上的先天不足、不重视部件的小型化再加上苏联的火箭之父科罗廖夫去世，但根本原因还是设计上的问题。

1964年8月3日，苏联就启动了载人登月计划，这个计划基本上与"探测器"计划平行，后者的主要任务是为载人登月服务，包括探测地月空间环境，开展一些空间生命科学试验，掌握从月球返回的技术。

实现载人登月的最重要工作是研制N-1大运载火箭。N-1是五级火箭（见图3-15），高105米，发射质量2740吨，可将75吨的负载送入低地球轨道。在高度、质量和有效负载方面仅次于世界第一的土星五号。

N-1的前三级将飞船送入地球轨道，其余两级用于地月推进。下面三级呈截锥体形，最下部直径约10米，这是受箭体内燃料箱形状的限制，一个较小的球形煤油箱在上部，较大的液氧箱在下部。上部分呈圆柱形，直径4.4米。

第一级由30台NK-15发动机驱动，发动机排成两个环，外环24台，内环6台。这些发动机都是分级燃烧循环的先例。控制系统基于发动机的差动节流，外环应付倾斜和偏转，安装在框架内的六个用于应付滚动。A段还装有四个栅格翼，这种平衡装置后来用在了苏联的空空导弹设计上。A段总共产生4620吨（1000万磅力）的推力，远远超出土星五号的3469公吨（765万磅力）的推力。

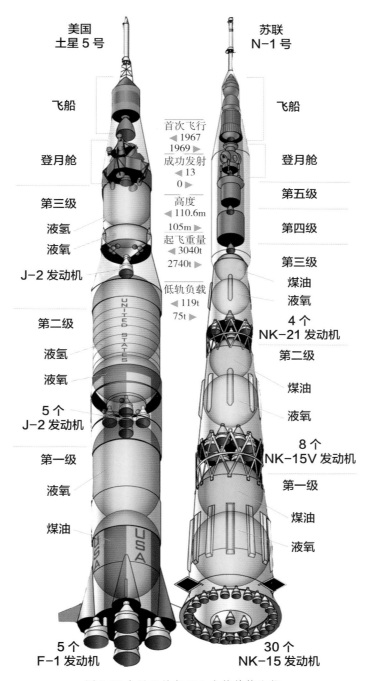

美国
土星 5 号

苏联
N-1 号

飞船

飞船

登月舱

登月舱

第三级

第五级

液氢

第四级

液氧

J-2 发动机

第三级

煤油

液氧

第二级

4 个
NK-21 发动机

液氢

第二级

液氧

煤油

5 个
J-2 发动机

液氧

8 个
NK-15V 发动机

第一级

第一级

液氧

煤油

煤油

液氧

5 个
F-1 发动机

30 个
NK-15 发动机

首次飞行
◄ 1967
1969 ►
成功发射
◄ 13
0 ►
高度
◄ 110.6m
105m ►
起飞重量
◄ 3040t
2740t ►
低轨负载
◄ 119t
75t ►

图 3-15 土星 5 号与 N-1 火箭结构比较

第二级由 8 台 NK-15V 发动机驱动，也排列成环形。第三级装了 4 台更小的 NK-21 发动机，排列成矩形。

比起土星五号，N-1 虽然推力更大，但它只能将 75 吨的物体送入低地球轨道，而土星五号可以运送 119 吨物体。这是由于 N-1 全箭都以煤油做燃料，而美国对氢氧燃料的研究起步早，使得土星五号设计时选用了比较成熟的氢氧发动机，以此获得了较高的效率。

复杂的发动机群导致输送推进剂的管道设计也很复杂，而这种极端脆弱的结构是导致 N-1 最后失败的罪魁。图 3-16 给出 N-1 火箭第一级发动机的排列。

用于发射 N-1 的拜科努尔基地不支持水运。为了通过铁路运送火箭，箭体各级被拆散再重新组装。结果，许多潜在问题都不能及时发现并排除，例如有害震动（可能导致推进剂管道破裂）、废气流体力学问题（可能导致箭体翻滚）。

种种的技术缺陷，以及缺乏资金支持，N-1 从未经过严格的出厂测试，甚至 N-1 每次爆炸都在一、二级分离之前。计划的 12 次试飞也因前 4 次彻底失败而提前告终。

（1）1969 年 2 月 21 日第一次试飞。由于燃气发生器意外地高频振动，一处导管裂开，导致发动机失火。火势延伸到发动机控制系统，在飞行 68.7 秒后，发动机停机，火箭在 69 秒后在 12 200 米高空爆炸。

图 3-16 N-1 火箭第一级发动机的排列

（2）1969 年 7 月 3 日第二次试飞。一颗松动螺柱被吸入燃料泵，导致控制系统停止了 30 台中的 29 台发动机，发动机停机 23 秒后火箭爆炸，炸毁了发射塔，成为火箭应用史上最大规模的爆炸。

（3）1971 年 6 月 24 日第三次试飞。起飞后就不正常转动，且超过了控制系统的可调范围，51 秒后火箭在 1 千米高空爆炸。

（4）1972 年 11 月 23 日第四次试飞。在 40 千米高空处，其中一台发动机遭遇纵向耦合振动，其他发动机程序性停机，导致 4 号发动机爆炸。至此，N-1 火箭计划停止了。

苏联在发展航天事业时，一直不重视小型化。在太空时代的初期，美国发射的前卫号和探险者号卫星重量远小于苏联发射的卫星，但功能不逊于苏联的。赫鲁晓夫公开嘲笑前卫号和探险者号，说它们个头太小，就像葡萄和橘子一样。赫鲁晓夫也很喜欢吹嘘其火箭的威力及其庞大的体型。这一"体型差异"起初对苏联有利，但最终却令他们倒了霉，因为他们从来没有像美国那样，被逼着学习令卫星部件微型化的艺术。

# 2. 寂静期与恢复期

## 2.1 为什么出现寂静期

在 1977 至 1993 年间，人类没有发射一颗专门用于探测月球的卫星，因此将这段时间称为探月的寂静期。

1989 年 10 月 18 日，美国发射了"伽利略"号木星探测器，该探测器于 1992 年 11 月顺路对月球进行了多波段成像，获取的数据被广泛用于月球影像成图和月球物质成分研究。

1990 年 1 月 24 日，日本发射了"飞天"号月球探测器，飞天号是一颗仅 180 千克的小型探测器，主要任务并不是进行月球探测，而是验证借助月球引力飞行的借力飞行技术和进入绕月轨道的精确控制技术，为以后的月球探测和星际探测提供数据。飞天号与运载火箭分离后，先进入距地面 200 千米至 50 万千米的大椭圆轨道，50 多天后利用月球引力，在加速的同时实现了向长椭圆轨道移动的第一次借力飞行。此后在一年多的飞行中，飞天号又先后 7 次利用月球引力改变轨道。在第一次借力飞行时，飞天号还释放了重约 11 千克的羽衣号微型月球探测器，但羽衣号没能从月球轨道上发回数据。

出现寂静期的主要原因有三方面：

（1）政治上的竞争有了结局。美苏探月主要驱动力是政治上的竞争，阿波罗飞船成功登月，苏联载人登月未能成行，标志在这场竞争中，美国人笑到了最后。

（2）资料分析处理需要时间。对广大科学工作者来说，分析多年积累的资料需要一定的时间。在没有分析完这些资料之前，也提不出新的、明确的科学目标。

（3）在阿波罗计划完成后，美国的兴趣转向航天飞机与火星探测，而苏联则转向空间站建设。

## 2.2 军用卫星探月球

1994年1月25日，美国发射了"克莱门汀"号无人月球探测器（见图3-17），它的主要目标是对美国国防部下一代卫星所需的轻型成像遥感器及组件技术进行空间鉴定。按计划，它要把月球、一颗近地小行星和探测器的级间适配器（ISA）作为目标，来验证轻型组件和遥感器的性能。作为辅助任务，"克莱门汀"传回了令科学界感兴趣的宝贵数据，包括发现月球极区可能有水存在。它是全面采用新的轻型化技术，可用于执行多种长期深空探测任务的小型、低成本和高性能探测器的一个代表。在围绕月球进行的两个月的轨道飞行中，该探测器获取了180万张月面图像。

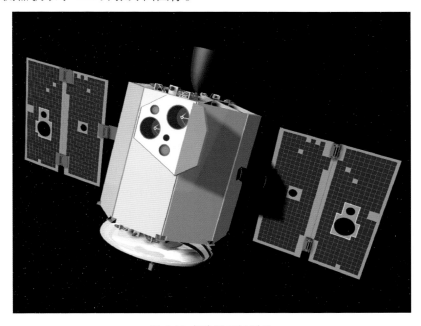

图 3-17 克莱门汀探测器

克莱门汀还进行了双基雷达（Bistatic Radar）实验。所谓双基雷达，就是将雷达的发射机与接收机分开，在发射机发射信号后，由位于其他地点的接收机接收信号。这种雷达在军事上有重要用途。例如，未来发现对方的战斗机，就需要发射雷达信号，但战斗机接收到雷达信号后，很快发射反辐射导弹，

将地对空导弹装置击毁。究竟谁先击毁谁，取决于技术的先进程度。

克莱门汀在轨飞行期间，根据科学家的建议，也特别注意了月球极区水冰的分布。它将电波讯号直接发射至月球的南北极，其反射波由深空网络在地球上的雷达接收。分析反射波的强度和偏振以后，认为在月球表面土壤中有水冰混合物存在。因此认为月球南北极的水含量相当于一个大湖。但之后地面阿雷西博天文台的研究发现，在非永久阴影（挥发性物质无法稳定存在）的区域也发现了类似的反射模式，因此克莱门汀号的结果可能是误判，这样，月球极区陨石坑是否有水冰的问题有必要继续争论下去。

## 2.3 月球水冰之谜

1998 年 1 月 6 日，美国月球勘探者号探测器（见图 3-18）发射升空，它是自阿波罗登月计划结束 25 年后美国真正意义上的首次探月飞行。其任务是探测月球的地质结构、矿产分布、气体构成，确定月球上是否存在冰和磁场。

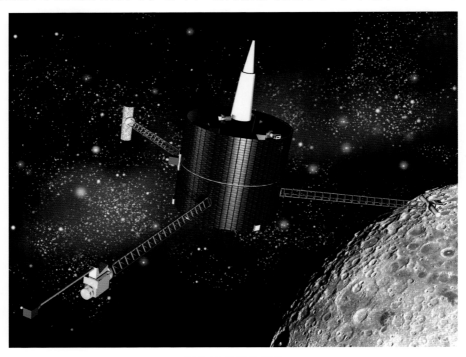

图 3-18 月球勘探者

月球勘探者寻找水冰的方法与克莱门汀的不同，它是利用中子谱仪接收来自月球表面的中子通量，以此判别是否有水存在。

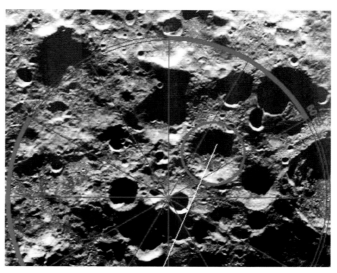

图 3-19 红圆圈处为撞击目标陨石坑

大家知道，水分子是由两个氢原子和一个氧原子组成的，是否存在水，氢是一个良好标志。但月球勘探者并不是直接探测氢的含量，而是中子的含量。当宇宙线撞击到月球表面时，与月球物质的分子碰撞，产生中子。中子谱仪就是接收这些中子，再据此推算水冰的含量。根据月球勘探者的测量结果，发现月球极区含有丰富的水冰，南极与北极水冰的含量大约为 60 亿吨。

这个结果公布后，一些科学家提出疑问，你直接测量的是氢，有氢就一定有水吗？会不会以氢氧根（OH）的形式存在呢？会不会就是氢气（$H_2$）呢？面对科学家的质疑，NASA 拿出绝招，当月球勘探者快要完成使命时，让它撞击到南极附近的一个未命名的陨石坑内。届时，陨石坑肯定会飞出水蒸气，那时看你们还有什么话说。图 3-19 就是准备要撞击的陨石坑。

撞击的时刻到了，地面的许多望远镜和太空的一些卫星，都将望远镜对准了这个陨石坑。令人奇怪的是，不管地面的望远镜，还是太空的卫星，都没有发现陨石坑上面有什么动静。一些科学家又开始质问 NASA 了，你说的那么多水冰怎么一点都没有表现呢？

面对科学家提出的新问题，美国宇航局发布了新闻公告，对没有发现水蒸气的现象作如下解释：

（1）探测器没有撞击到指定的陨石坑（月球勘探者白白地牺牲了）；

（2）探测器可能撞击到目标区域的岩石或干燥的月壤上（还是没撞准）；

（3）水分子牢固地被约束在含水矿物中，撞击缺乏足够的能量将水分子释放出来（水还是有的，撞击也没问题）；

（4）水蒸气没有升高到陨石坑顶部的高度（水还是有的，只是没那么多）；

（5）观测该事件的望远镜可能指向不正确（那可就是你们观察者的事了）；

（6）陨石坑中没有水冰，探测器以前探测到的氢没有构成水，而是纯粹的氢（还是有点儿勇气的）。

## 2.4 欧洲人一心二用

2003 年 9 月 27 日 23 时 14 分（世界时），欧空局第一个月球探测器"斯玛特 1"发射升空。经过 14 个月的飞行，于 2004 年 11 月 15 日抵达月球上空的近月轨道。在 2006 年 9 月 3 日 5 时 42 分成功撞击月球表面，为它的探月任务划上句号。

众所周知，探测月球的卫星从地球到月球也就是两三天的时间，斯玛特 1 乘什么火箭呀，怎么飞了 1 年多才到月球？

图 3-20 等离子体火箭

"斯玛特"这个名是根据音译，如果根据英文缩写（SMART）的含义，经常翻译为"智慧"。其实"SMART"是"用于先进技术研究的小型任务"（Small Missions for Advanced Research in Technology）的缩写。它要研究什么先进技术呢？是等离子体火箭，或者说电火箭。

"SMART-1"使用了由太阳能推动的霍尔效应推进器作为动力来源，在发射时它携带了 50 升（82 公斤，气压 150 巴）的液态惰性氙作推进剂。这些推进器使用了静电场把氙原子变成离子，并把这些氙离子加至高速。图 3-20 是等离子体火箭工作示意图。

作为"用于先进技术研究的小型任务"计划的一部分，SMART-1 主要目的是测试太阳能离子推进器。正因为将测试等离子体火箭作为自己的重要目标之一，所以它不急于到达月球。发射升空后，进入环绕地球的轨道。然后一点点加速，使得轨道高度不断增加，当飞到地月引力平衡点后，经过变轨，再围绕月球飞行。如图 3-21 所示。

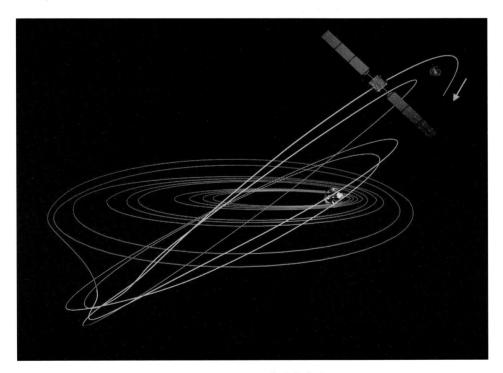

图 3-21 SMART-1 轨道的变化

刚进入环绕月球的轨道时，是一个大椭圆轨道，轨道比较高。然后又一点点降低远月点的高度，使之更适合对月球的观测，如图 3-22 所示。

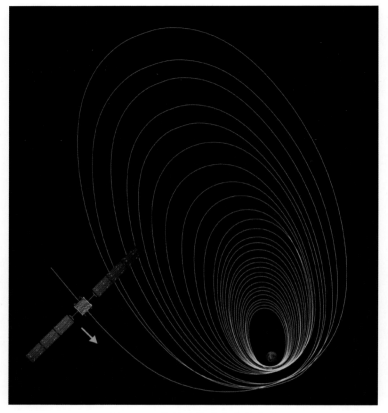

图 3-22 环绕月球轨道高度的变化

任务的第二个目标是获取关于月球的更多信息。SMART-1携带了 7 个科学仪器，对月球表面进行 X 射线和红外线遥感测量，确定月球的化学组成；从不同的角度拍摄高清晰度图片，并依此建立月球表面的三维图形。

# 第四章　新时期的月球探测

★ ★ ★《青少年太空探索科普丛书》★ ★ ★

月球文化与月球探测

# 1. 国外的探测活动

## 1.1 月亮女神抢了先

从 2007 年开始，月球探测进入新时期。这个时期的主要特点是普遍采用了新技术，包括运载火箭技术、导航通信技术和探测技术等。另外，探月的国家和地区增多，已不限于美国和俄罗斯。中国、日本和印度也都加入了探月的行列。今后，将有更多的国家加入月球探测俱乐部。

日本在新时期的月球探测中抢了先。2007 年 9 月 14 日，日本第一颗绕月探测卫星"月亮女神"（SELENE）顺利发射升空，同年 10 月 5 日，"月亮女神"进入绕月轨道，成为日本第一个月球轨道探测器。这标志着日本的太空探索又迈上了一个新台阶，正式开启了自美国"阿波罗计划"以来世界上技术最复杂、规模最大、耗资 4.78 亿美元的探月计划。2009 年 6 月 11 日，日本的"月亮女神"在成功结束月球观测任务后，按预定计划撞向月面。

日本一般习惯会为成功发射上太空的卫星再取一个"正式名称"，而该卫星的正式名称则是"辉夜姬"，取自日本传说《竹取物语》中的"月亮女神"，其形象相近于中国传说中的嫦娥。不同的是嫦娥从人间飞往月球，而辉夜姬则是从月球下凡到人间。

月亮女神除了主卫星外，还携带了两颗小卫星。一颗用于数据中继，名字叫"翁"；一颗是"甚长基线干涉测量无线电"子卫星叫"姬"，取自日本传说《竹取物语》中的伐竹翁及其夫人，即是辉夜姬的养父和养母。主卫星

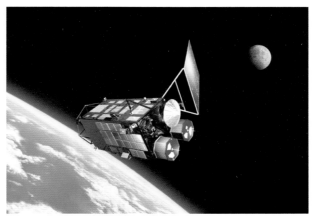

图 4-1 月亮女神及其子卫星

与子卫星相结合，可以测量月球的重力场。图 4-1 给出月亮女神及其子卫星。

月亮女神的主要贡献是高精度测量了月球正面和背面的重力异常分布，获得了大量高清晰度的月球表面立体图形，获得了大量关于月球环境和月球资源的数据。图 4-2 是月亮女神拍摄到的"地升"的情景。图 4-3 是月亮女神拍摄的月面立体图。图 4-4 为月球表面磁场分布图。

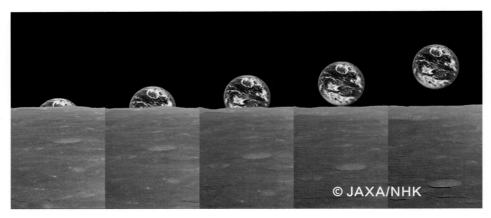

图 4-2 从月球看地球升起

图 4-3 月亮女神拍摄的月面三维地形图

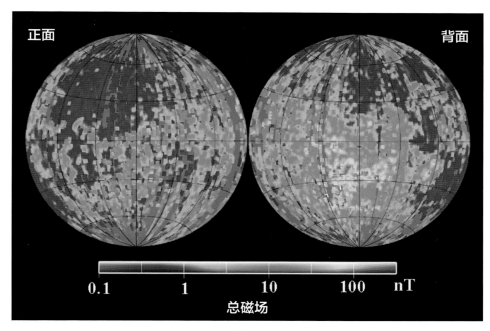

图 4-4 月球表面磁场分布

## 1.2 印度靠国外仪器露脸

2008 年 10 月 22 日，印度"月球初航 1 号"发射升空，并于 2008 年 11 月 12 日进入距月面 100 千米的最终工作轨道。卫星上高分辨率相机发回的月球图像显示了月球山脉和月坑的壮观景象，包括那些位于月球极区终年不见阳光区域内的月坑的画面。2009 年 8 月 29 日，由于失去与卫星的无线电联络，印度空间研究组织宣布"月球初航 1 号"的月球探测任务被正式终止。

"月球初航 1 号"携带了 11 个仪器，其中 6 个是由美国、欧洲空间局和保加利亚航空航天局等提供的。特别是由美国提供的月球矿物绘图仪（M3）和小型合成孔径雷达，欧洲空间局提供的近红外谱仪，是当今最先进的月球探测仪器。在月球初航 1 号运行期间，取得了一些重要发现。图 4-5 是月球矿物绘图仪。

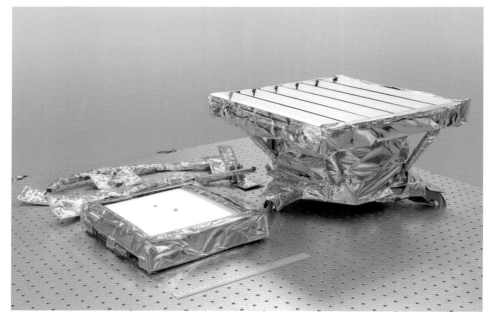

图 4-5 月球矿物绘图仪

印度初航 1 号在正常运行期间，通过"月球矿物成像仪"发现月球广泛的表面含有微量的水，图 4-6 是刊登在美国《科学》杂志封面上的图，表示

图 4-6 月球表面水的分布

由 M3 所探测到的月球水的分布，其中蓝色部分显示含水量较高。尽管已经在月球表面发现水，但月球比地球任何沙漠都干燥，1 吨表面月壤中只含 32 盎司水。一位美国学者说："如果你想在月球上得到一杯水，那就好比从泥土中找到一颗棒球那么大的钻石。"

小型合成孔径雷达在月球北极也获得冰沉积的证据，如图 4-7 所示。图中绿色圆圈表示"异常陨石坑"，红色圆圈表示新陨石坑。根据这两种陨石坑及其附近所反射的雷达回波特性，可以得到结论，月球极区陨石坑内含有相当丰富的水冰，估计含量大约为6亿吨。

图4-7 北极地区含有水冰的陨石坑

### 1.3 LRO 为载人登月选址

2009年6月18日美国宇航局用一枚运载火箭成功地发射了"月球勘察轨道器"（LRO）和"月坑观测与遥感探测卫星"（LCROSS），用于对月面进行测绘，并寻找水冰。这是NASA自1998年发射"月球勘察者"探测器以来首次发射月球探测器。一次向月球发射两个探测器也是此前从未有过的。

美国在小布什任总统时期曾制定了重返月球的计划，发射LRO是重返月球计划中最先实施的计划，其主要目的是为航天员登月寻找安全的着陆点。因此要求LRO有很高的空间分辨率，能辨别出小的陨石坑，较大岩石的分布。另外，还要对着陆点附近的空间环境有确切的了解，如温度变化和辐射变化情况。此外，还要寻找水冰和其他可用的资源。

为了实现上述目标，LRO携带了高分辨率（0.5米）的摄像机，测量辐射环境的宇宙线望远镜，测量表面温度变化特征的辐射计，寻找极区水冰的紫外绘图仪，探测月球表面水冰沉积情况的中子探测器，研究全球形态的激光高度计，还携带了一个新的轻型合成孔径雷达，目的也是为了探测水冰。

从发射到现在，LRO获得了大量全球和局部地区的高分辨率图像，进一步探测了极区水冰的分布，测量了月球表面的辐射环境和温度分布，获得了一些资源的分布特征。

**（1）全球和局部地区的高分辨率图像**

图 4-8 是月球北半球的图像，图 4-9 是月球南半球的图像，而图 4-10 是月球正面中部的图像，从中可辨出亚平宁山脉、雨海和虹湾等。

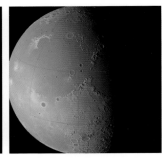

图 4-8 月球北半球　　　　　图 4-9 月球南半球　　　　　图 4-10 月球中间区域

图 4-11 是南极地图的地形图，这里的几个地区都是令人关注的，如马利普特山和沙克尔顿陨石坑，都是未来建立月球基地的候选地点。

图 4-12 给出皮尔里陨石坑。这个陨石坑位于北极附近（88.6° N，33° E），直径 73 千米。陨石坑周围保持恒定的日照，每月日照时间为 28 天。但陨石坑底部是持续的阴影，LRO 的激光高度计揭示了底部的特征，用可见光是无法成像的。

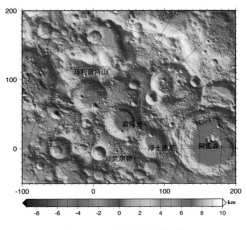
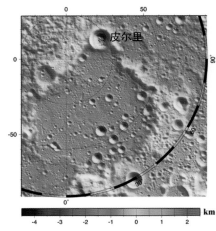

图 4-11 南极地区的地形　　　　　图 4-12 皮尔里陨石坑

图 4-13 和图 4-14 分别表示在陨石坑附近岩石分布情况。在图 4-13 中，陨石坑附近大块岩石比较多，不适合作为着陆点；在图 4-14 中，陨石坑附近基本没有大块岩石，都是小块岩石（用绿色表示），因此适合作为着陆点。

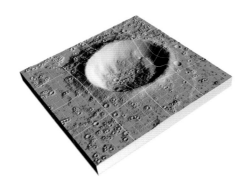

图 4-13 大块岩石在陨石坑附近的分布　　图 4-14 陨石坑附近岩石分布（绿色表示小岩石）

### （2）进一步研究了极区水冰分布

月球勘察轨道器携带的激光高度计和新型合成孔径雷达进一步研究了极区水冰分布，获得了一些重要结果。图 4-15 是激光高度计获得的沙克尔顿陨石坑的图形，左边是日照部分。这个陨石坑紧靠南极，直径 21 千米。

根据 LRO 所携带的激光高度计的测量结果，在沙克尔顿陨石坑底部表层中的含水量可达 22%。

LRO 携带的新型合成孔径雷达也对沙克尔顿陨石坑进行了仔细测量。结果表明，按重量来说，陨石坑内的含水量大约是 5% ～ 10%。

图 4-16 给出雷达观测结果。左上角图是实际观测结果，带有百分比的图是计算结果。

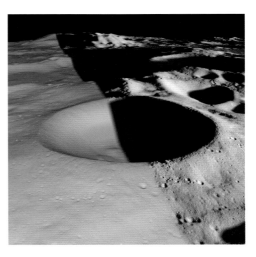

图 4-15 沙克尔顿陨石坑

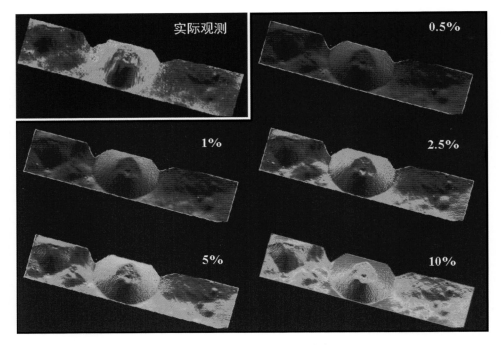

图 4-16 沙克尔顿陨石坑内水冰含量

### （3）月球热环境

除水星之外，月球是太阳系天体中表面热环境最极端的天体。在赤道，中午的平均表面温度接近 400K，夜间降到 100K。

地球和月球接收到相同的太阳辐射通量，主要差别是月球没有大气层，不具备温度调节功能。此外，月球的日夜周期持续 1 个月，而地球只有 24 小时。正是这两个因素产生了月球极端的温度环境。LRO 携带的温度环境测量仪器测量了月球温度变化的情况，表 4-1 给出月球和地球温度变化的比较。

### 表 4-1 月球与地球温度变化比较

| | 月　球 | 地　球 |
|---|---|---|
| 赤道平均温度 | −67℃（中午 117℃，夜间约 −178℃） | 26℃（中午 30℃，午夜约 22℃） |
| 极区平均温度 | −175℃（阴影外面） | −17℃（北极），−43℃（南极） |

（续表）

| 最低温度 | −248℃（赫米特陨石坑） | −89℃（南极沃斯托克站） |
|---|---|---|
| 最高温度 | 137℃（赤道地区小陨石坑） | 58℃（利比亚阿齐济耶省） |

图4-17是根据LRO温度测量仪器得到的月球表面温度变化。右边图标中的数字表示纬度。

根据LRO的温度测量仪器观测结果，月球最冷的地方是位于北极的赫米特陨石坑底部，为−248℃（见图4-18），这也是太阳系天体最冷的记录。作为比较，估计冥王星的表面温度也只有−184℃。与赫米特陨石坑底类似的极冷地区还有南极的几个永久阴影陨石坑。

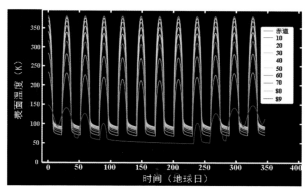

图4-17 月球表面温度随时间的变化　　　　图4-18 月球最冷的地方

### （4）东方盆地

东方盆地位于月球正面最西部边缘，难于在地球上观测。直径为327千米，面积约6.9万平方千米。

阿波罗计划没有取样东方盆地的物质，因此盆地的准确年龄是不知道的。根据分析，东方盆地有可能是月球上较年轻的陨石坑。月球勘察轨道器对东方盆地进行了高精度成像（见图4-19），对于进一步研究这个多环盆地有重要价值。

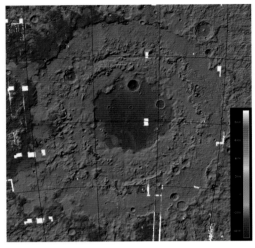

图 4-19 东方盆地

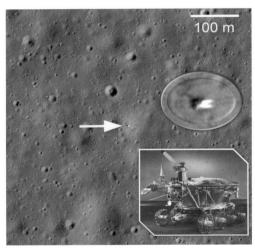

图 4-20 苏联月球车 1 号的位置

**（5）找到丢失的苏联月球车**

1970 年 11 月 17 日，苏联用月球 17 号将"月球车 1 号"送上月球。这辆月球车设计寿命为 3 个月，实际上在月球上工作达 11 个月，一直到 1971 年 10 月 4 日才停止行驶。在此期间，它在月面进行了 4 次巡游，行程 10 540 米，考察面积达 9 万平方米。它在 500 多个月面点上进行了土壤物理测试，在 25 个点上进行了土壤化学分析，并拍摄了两万多张月面照片。

图 4-20 给出由 LRO 拍摄的苏联月球车 1 号所在位置情况。图中大圆圈是月球车所在地点放大之后的图像；图右下角就是当年苏联发射的月球车 1 号。

## 1.4 美国为找水再撞陨石坑

我们在第三章的第二节介绍了月球勘探者撞击月球的情况，尽管月球勘探者奋力一搏，但没有取得任何结果。NASA 一直致力于在月球上找水，上次撞击没有结果，一直想再来一次更强大的撞击。

为了达到预期的撞击效果，首先需要目标选得准，看哪个陨石坑内含水冰的可能性大；其次是撞击准确，这就需要有精确的制导系统；最后是撞击强度大。这需要从两方面入手，一是采用大的撞击器，二是撞击角度大，最好直上直下，垂直撞击。

撞击点的选择是其他卫星的任务，现在说说怎样做到撞击"稳、准、狠"。

以往的卫星撞击月球，都是卫星快达到预期寿命时，不断降低轨道，最后撞击到月球表面。这种撞击方式有两个缺点，首先是撞击角度小。卫星是绕月飞行的，当轨道降低到一定高度并开始撞击时，几乎是平行于月面，因此垂直撞击速度分量很小，达不到预期效果。另外，卫星的重量一般在 1 吨左右，撞击所具有的能量还比较小。考虑到这些因素，美国"月球陨石坑观测与遥感卫星"（LCROSS）在设计上可以说是颇具匠心。

2009 年 6 月 18 日，美国一箭双星发射了月球勘察轨道器和月球陨石坑观测与遥感卫星，但二者并不走相同的路线。前者直奔月球，而后者在发射 4 天半后，联同火箭上面级"半人马座"号成功地进行了一次月球飞越轨道机动，使飞行轨道变为地球的极轨轨道，轨道周期为 37 天，这样做的目的是使 LCROSS 撞击到月球的南极，如图 4-21 所示。LCROSS 所采用的这种轨道称为"月球引力助推及月球返回轨道"（LGALRO），在围绕地球飞行时，逐渐调整轨道，使之在适当时机正好撞击月球的南极，而且撞击角度接近于 90°，见图 4-22。

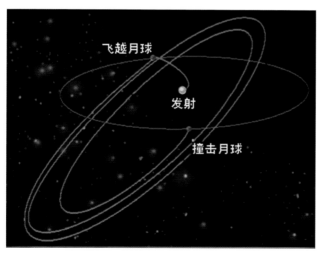

图 4-21 LCROSS 的轨道

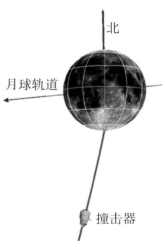

图 4-22 撞击点示意图

半人马座上面级火箭撞击质量为 2305 千克，撞击速度大约每小时 9000 千米，释放出的动能相当于 2 吨黄色炸药（TNT）爆炸产生的能量。

在到达月球之前，LCROSS 探测器与半人马座火箭于 2009 年 10 月 9 日分离。半人马座火箭撞向月球南极附近的凯布斯陨石坑。LCROSS 对撞击溅射物观测了 4 分钟，并将收集到的数据一并传回地球，然后它本身也撞击到月球表面，再次产生碎片羽烟，撞击速度大约是每秒 2.5 千米。在 LCROSS 撞击月球大约 90 秒后，LRO 飞越凯布斯陨石坑的上空，距离撞击点约 80 千米，担负起观测效果的任务。图 4-23 是半人马座火箭撞击月球示意图，图 4-24 是 LCROSS 收集并分析羽烟示意图，图 4-25 是 LRO 观测到的撞击闪光点。

图 4-23 半人马座火箭撞击月球

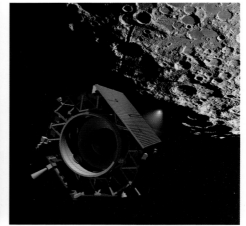

图 4-24 LCROSS 收集并分析羽烟

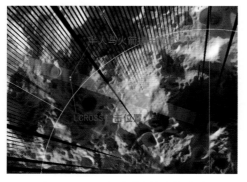

图 4-25 LRO 观测到的撞击闪光点

根据对撞击羽烟的光谱分析，确认陨石坑底部含有水冰。美国《科学》杂志公布的结果表明，陨石坑底部含水量为 5.6%；溅射物中含有氨、一氧化碳、甲烷、汞和银。

## 1.5 圣杯精确测量重力场

2011 年 9 月 10 日，美国成功发射了"圣杯"（GRAIL）探测器，其主要任务是探测月球重力场和内部结构。

所谓重力，是指物体在行星、卫星等天体表面或其上空所受到的该天体的引力，其大小和方向主要由万有引力定律确定。地球是个椭球体，赤道离地心的距离较大，两极离地心较近，引力将随纬度的增加而增大，方向也略偏离中心。地球的重力场是受地球重力作用的空间范围，月球的重力场就是受月球重力作用的空间范围。研究重力场可以确定天体内部构造及矿产资源分布，对于围绕该天体运行的卫星来说，可以确定轨道的变化规律。因此，测量月球的重力场具有重要意义。

在以往的探测和研究中，人们已经发现月球的重力场分布是不均匀的，有些地区的上空引力特别强，人们就把这些地区称为"质量瘤"，目前已经确定月球有许多质量瘤。圣杯此次探测，是为了进一步提高精度。

探测重力场的基本原理是卫星所发出的无线电信号的多普勒频移。当卫星在月球上空飞过时，如果重力场变化，卫星的飞行速度就变化，由地球所接收到的这个无线电信号的频率就发生变化，这就是众所周知的多普勒频移的原理。由于月球只有一面朝向地球，当探测器飞行到月球背面时，地面无法接收到探测器信号。因此，GRAIL项目通过在相同的轨道上部署两个探测器的方法来解决这个问题。图 4-26 给出在月球上空飞行的 两个圣杯探测器。图 4-27 给出观测结果，大块红色地区是质量瘤存在的地方。

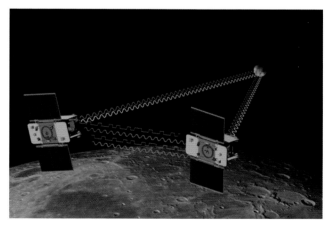

图 4-26 圣杯探测器

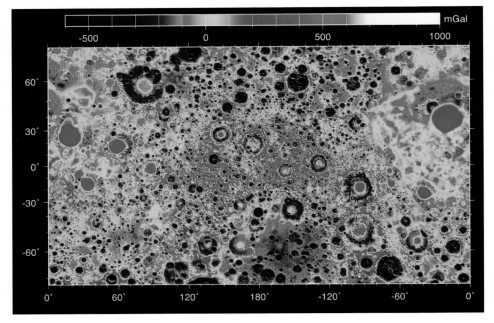

图 4-27 圣杯获得的月球重力场异常图

## 1.6 LADEE 关注大气与尘埃

2013年9月7日，美国发射了"月球大气与尘埃环境探测器"（LADEE）（见图 4-28），其任务是探测月球大气层的散逸层和周围的尘埃。携带的仪器有尘埃探测器、中性质谱仪、紫外与可见光光谱仪，并且还进行激光通讯技术验证试验。

长期以来，人们已经有了这种观念，月球没有大气层。但实际上并非如此，最近的研究证实，月球确实有大气层，由一些不寻常的中性气体组成，包括氢、氦、钠和钾等。后两种成分在地球、火星和金星的大气层中都没有发现。当与地球作比较时，就会发现月球的大气层是非常稀薄的。在地球的海平面高度上，每立方厘米的大气含有 $10^{18}$ 个分子；而月球大气中只含 $10^5$ 个分子。事实上，月球表面的大气层密度可与国际空间站所在高度的地球大气层相比较。

月球大气层有几个气体源，包括高能质子和太阳风粒子撞击月球表面产生的原子、表面物质的蒸发、彗星和流星体撞击所释放出的物质，以及月球内部外流的气体。但哪个源或过程更重要，目前还不清楚。

　　LADEE 的目的之一就是确定稀薄的月球大气层的成分和结构，当外部条件变化时，大气层怎样变化，确认在未来人类进一步活动造成扰动前的月球稀薄大气层的整体密度、组成和随时间变化的状况。第二个目的是确认阿波罗计划航天员所看到的高数十千米处漫射是钠辉光还是尘埃。第三个目的是记录月球环境中尘埃的影响程度，作为未来任务工程设计的参考。

图 4-28 月球大气与尘埃环境探测器

# 2. 嫦娥工程

## 2.1 那么多人关心探月

在我国政府正式决定开展月球探测之前，我国的学术界对探月的相关问题进行了广泛、深入的讨论。2000 年 5 月，清华大学率先举办了第一届月球探测技术研讨会。此次会议的规模不是很大，但有不少院士出席了会议，并作了学术报告。

2001 年 1 月，由清华大学、航天科技集团五院以及中国科学院空间科学研究与应用中心共同组织了第二届月球探测技术研讨会。会议收到论文 62 篇，其中 41 篇是关于月球车或机器人的。笔者提交的论文题目是"对我国开展环月探测的建议"。在会议讨论中，笔者一再强调，当前我们首先应关注环月探测，作为我国月球探测的第一步，不应首先派机器人去月球，而是通过环月探测了解月球的整体情况，搞清楚月球车应在哪着陆，着陆后探测什么，在此基础上才能发射月球车。

2001 年 9 月召开了第三届月球探测技术研讨会。笔者提交的论文题目是"我国环月探测的科学目标"。论文主要谈两个问题，一是正式提出将我国的探月规划称为"嫦娥计划"，二是建议我国首先开展环月探测。图 4-29 是会议回执（原文）。

回执

| 论文题目 | 我国环月探测的科学目标 | | | | | |
|---|---|---|---|---|---|---|
| 论文摘要 | 1. 我国应制订探测月球的总体规划，摒弃"一星一议"的发展模式。为了扩大探月计划的影响，建议将此规划称为"嫦娥计划"。<br>2. 我国首先应进行环月探测。探测项目重要包括两方面：<br>（1）描绘月貌，勘测月球资源，探测近月空间环境；<br>（2）充分利用月球的特殊位置，开展日地空间环境探测，由于月球的轨道距离地球的 50Re，当月球处于地球与太阳之间时，用此探测器可监测太阳风的状况；当月球处于太阳的阴影时，月球处于中、远尾部，这时可测量发生在磁尾的动力学特性，开展这方面的探测的有利条件是，可利用我国"双星计划"中的一些探测器。 | | | | | |
| 姓名 | 性别 | 单位 | 地址 | 职务 | 邮编 | 电话 |
| 焦维新 | 男 | 北京大学 | 北京大学地球物理系 | 副系主任 | 100871 | 62751527 |
| 濮祖荫 | 男 | 同上 | 同上 | 教授 | 100871 | 62751133 |
| 付绥燕 | 女 | 同上 | 同上 | 副教授 | 100871 | 62751133 |

图 4-29 第三届月球探测会议回执

## 2.2 绕起来就是成功

嫦娥一号是我国的首颗探月卫星，于 2007 年 10 月 24 日 18 时在西昌卫星发射中心升空。2007 年 11 月 5 日，嫦娥一号实施了第一次近月制动，成功进入环月轨道。2009 年 3 月 1 日，嫦娥一号卫星在北京航天飞行控制中心科技人员的控制下，撞落于月球丰富海内，圆满地完成了我国首次探月的使命。

对于首次探月来说，能否成功进入环绕月球的轨道，这是最关键的问题。在此之前，我国的卫星最远只达 4 万千米，而嫦娥卫星要飞行到 38 万千米之外，在通信和控制等方面遇到的技术挑战可想而知。

为了确保首次环月探测的成功，我国的科技人员为嫦娥设计了一条非常合适的轨道。

从地球到月球的各种飞行轨道统称为地月转移轨道，各种不同的地月转移轨道的近地点速度不同，到达月球的飞行时间也不同，但必须大于最小能量轨道的近地点速度，以近地点高度为 200 千米为例，这个近地点速度值为 10.916 米 / 秒。

在发射地球同步轨道卫星时，一般先将卫星发射到地球同步转移轨道（GTO），GTO 的近地点高度约为 200 千米，远地点高度约 36 000 千米，近地点速度是 10.239 千米 / 秒。要把它变成地月转移轨道，只需在近地点提供 0.677 千米 / 秒的速度增量就可以了。但这个速度增量一般是由月球探测器的轨道控制发动机提供，速度增量需求仍然很大，发动机的连续工作时间很长。解决这个问题的办法是一次机动分成几次进行，逐步提高近地点的速度。嫦娥一号就是采用了这种方案。具体发射方案是：先由长征 3 号甲火箭将探测器送入近地点高度 200 千米、远地点高度为 51 000 千米、周期约为 16 小时的轨道；探测器与运载器分离后，先在这个轨道上运行两圈，这期间在远地点做一次小的轨道机动，将近地点高度升高到 600 千米；在 16 小时轨道上运行第三圈到达近地点时，进行一次大的轨道机动，将轨道周期变为 24 小时，在轨道上运行一圈，再次到达近地点时，做第二次大的轨道机动，将运行周期增加到 48 小时。探测器在这三条大椭圆轨道上共运行约 5 天，当探测器到达近地点时，再做第三次大的轨道机动，使探测器进入地月转移轨道，飞行 116 小时后到达近月点。在探测器到达近月点时，要想使探测器进入最终的绕月飞行轨道，还需在近月点进行减速机动，以便使探测器被月球捕获，变成月球的卫星（见图 4-30）。

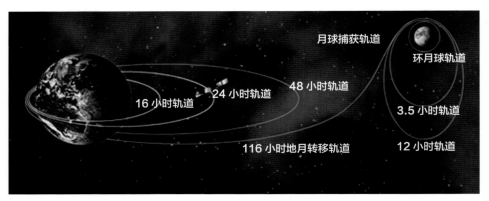

图 4-30 嫦娥一号的轨道

采用上述轨道虽然飞行的时间较长，但可靠性高，适合我国当时运载火箭的实际情况。切入月球轨道也是非常关键的，嫦娥一号能否成功在此一举。轨道切入机动是一项非常复杂的工作，要求测控准确、探测器的姿态控制准确、反冲发动机的点火时间及发动机工作时间长短控制准确。如果出现问题，探测器有可能撞击月球或飞离月球。

对于首次探月来说，解决上述一系列技术问题，难度可想而知，需要多个系统协调工作。因此我们可以说，绕起来了就是成功。

在嫦娥一号进入环绕月球的轨道后，星上仪器工作正常，获得了大量数据，达到预定的科学目标。

在嫦娥一号发射的时候，笔者在中央电视台国际频道做现场解说嘉宾，亲眼目睹了嫦娥一号成功发射的全过程，确实令人振奋。当晚现场直播的最后一个版块是与我国负责研究月球车的空间技术研究院研究员贾阳一起，向观众介绍中国的月球车（见图4-31）。

图 4-31 嫦娥一号发射时向观众介绍
中国自己的月球车（中间为笔者）

## 2.3 额外的收获

嫦娥二号是基于嫦娥一号备份星的技术改进，作为二期工程的先导星，主要是用作试验、验证部分新技术和新设备，降低后期工程的风险。

嫦娥二号于 2010 年 10 月 1 日 18 时 59 分 57 秒在西昌卫星中心发射成功，11 月 2 日进入环月轨道，分别在 100×100 千米和 100×15 千米的轨道进行了高分辨率成像和环月探测，完整获取了 7 米分辨率的月球表面三维影像，并完成了对嫦娥三号落月任务预选着陆区——虹湾局部区域 1.3 米的高分辨率成像。

嫦娥二号在 2011 年 4 月 1 日达到半年的设计寿命，卫星上剩余燃料充足，状态稳定。为积累更多的深空探测经验，嫦娥二号于 2011 年 6 月 9 日下午飞离月球轨道，前往距地球约 150 万千米的日地拉格朗日 L2 点，并进行测控技术等试验。2011 年 8 月 25 日，嫦娥二号进入日地拉格朗日 L2，刷新了中国航天测控距离的纪录，也成为世界上首个从月球直接前往日地拉格朗日点的航天器。

2012 年 12 月 13 日，嫦娥二号飞离日地拉格朗日 L2 点 195 天后，成功飞抵距地球约 700 万公里远的深空，以 10.73 千米 / 秒的相对速度，与国际编号 4179 的图塔蒂斯小行星由远及近擦身而过，首次实现中国对小行星的飞越探测，并进行了光学成像（见图 4-32）。这是国际上首次实现对该小行星近距离探测。至此，嫦娥二号再拓展试验圆满成功。

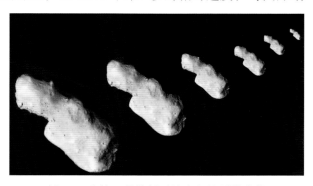

图 4-32 嫦娥二号拍摄到的小行星图塔蒂斯

## 2.4 落月不容易

2013 年我国将进入探月工程第二阶段——落月。嫦娥三号将携带着陆器和月球车（见图 4-33）降落到月球表面，对月球进行深入探测。

从环月到落月，技术上又向前迈进了一步，因为在月球表面软着陆，又将面临一系列新的技术难题。这里以国外着陆探测器为例，介绍落月的过程。

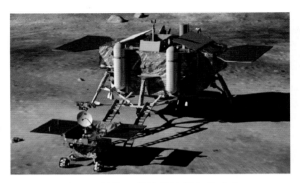

图 4-33 嫦娥三号的着陆器与月球车

在月球上软着陆一般有两种方法，相应的轨道是直接撞击轨道和月球停泊轨道。苏联的几次软着陆探测活动，包括释放月球车都是采用直接撞击轨道，也就是说，在完成地月转移轨道后，直接飞向着陆点。苏联的几次取样返回任务则采用月球停泊轨道，即经过地月转移轨道到达月球后，首先切入环月轨道，再经过轨道机动变成小椭圆轨道，到达近月点时，反冲发动机点火制动，实现软着陆。

由于月球没有大气层，不管采取哪种方式，都必须采用反冲火箭制动。不同于火星，在月球上着陆，降落伞是无用的。

最近几年，国内外许多学者对在月球软着陆问题进行了深入研究，包括着陆方式、轨道类型、制动方式等，以便既安全，又节省燃料。图 4-34 是根据目前的研究成果给出的一种着陆方式。

当卫星到达月球后，反冲发动机点火制动，卫星被月球的引力场捕获，进入 100 千米的圆形轨道，这个轨道称为停泊轨道。围绕月球运行几圈后，发动机点火制动，变成近月点为 15 千米、远月点为 100 千米的小椭圆轨道。然后，着陆器经历了从 15 千米高度处自由下落、反冲火箭点火减速下落、悬停、缓慢下落、反冲火箭发动机关机、自由下落到表面几个阶段。悬停的目的是为了躲避障碍；反冲火箭发动机在着陆前关机的目的是避免发动机喷流将月壤吹起，影响仪器工作。

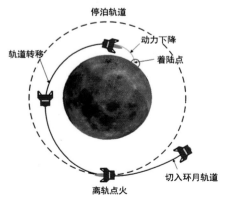

图 4-34 软着陆的一种方式

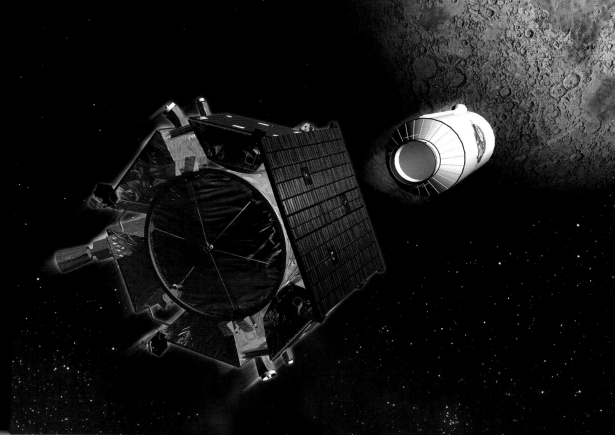

# 第五章　未来的月球探测

# 1. 俄罗斯要重振航天事业

## 1.1 俄罗斯又要探月了

苏联最后一次月球探测活动是在 1976 年 8 月发射的"月球 24 号"，从那以后，一直没有发射任何月球探测器。尽管俄罗斯也曾提出过探月计划，但"计划赶不上变化"，没有干过一件实事。

在苏联解体和接着的 10 年经济衰退后，俄罗斯在 21 世纪初开始考虑月球探索计划。刚开始考虑的计划是月球表面穿进计划，即由月球轨道器向表面发射穿进器，这样可以用较低的成本研究月壤。

1996 年 12 月，火星 96 探测器发射失败，俄罗斯又开始计划探测火星的卫星福布斯（Phobos），同时着手研究月球探测。

在对几个方案进行分析对比后，俄罗斯决定进行以下三方面的深空探测：

（1）1999 年发射月球 27 号（Luna27），后来更名为 Luna-Glob，有轨道器、着陆器和表面穿进器。

（2）2001 年与美国合作发射"火星合作"（Mars Together），携带一个火星车和穿进器。

（3）2003 年发射"福布斯–土壤"（Phobos-Grunt）探测器。

实际上这 3 个计划都没有按期执行。

在苏联解体后的第二个十年，随着经济的复苏，俄罗斯又重新启动月球探索计划，首先是"月球全球"轨道器，然后考虑着陆器。

2011 年"福布斯–土壤"发射失败，月球探测计划再次延迟，但探月的决心没有改变，只是做些修改，原来的"月球全球"（Luna-Glob）任务分为着陆任务和轨道器任务两部分。

## 1.2 新计划很宏伟

2012 年 4 月 28 日，俄罗斯联邦航天局网站刊登了其最新制定的《2030

年前及未来俄罗斯航天活动发展战略》草案。该计划提出了四步走的发展战略：

第一步，2015 年：恢复能力。

第二步，2020 年：巩固地位。

在此阶段，俄罗斯开展新一轮的发展，通过月球样品采集、国际合作建设火星研究站及推出新一代重型运载火箭等一系列目标的实现，巩固俄罗斯在重要航天领域的强国地位。其中探月计划是以前没能实现的 Luna-Glob 和 Luna-Grunt 计划。

Luna-Glob 分 Luna-Glob1 和 Luna-Glob2 两部分，后者也称为 Luna-Resurs。

Luna-Glob1 包括轨道器和着陆器。图 5-1 给出 Luna-Glob1 的轨道器，图 5-2 给出 Luna-Glob1 的着陆器。

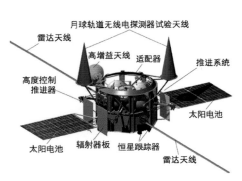

图 5-1 Luna-Glob1 的轨道器

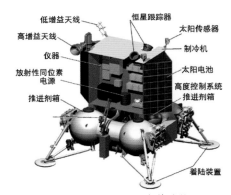

图 5-2 Luna-Glob1 的着陆器

Luna-Resurs 包括轨道器和着陆器。轨道器由印度研制，即"月球初航 2 号"，着陆器由俄罗斯研制（见图 5-3），其中包含一个月球车。

Luna-Grunt 是一个自动取样返回计划，着陆器具有上升级，能将 1 千克的样品返回地球。图 5-4 给出分别带有月球车和上升级的 Luna-Grunt 飞船。

在完成上述两个计划后，还将实施机器人月球基地计划（Lunny Poligon），如图 5-5 所示。

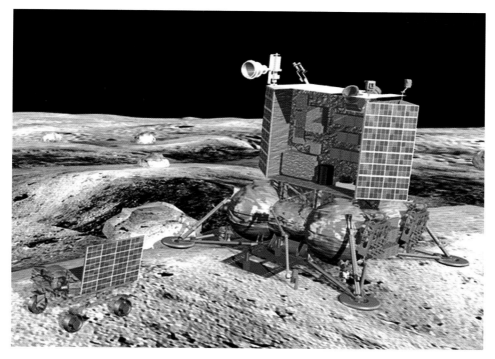

图 5-3 Luna-Resurs 着陆器

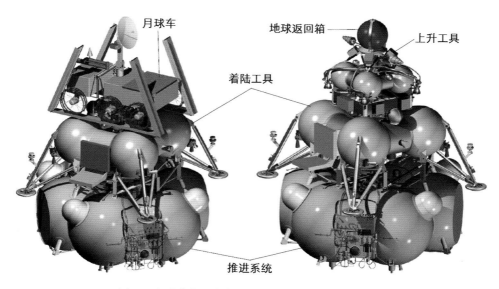

图 5-4 分别带有月球车和上升级的 Luna-Grunt 飞船

图 5-5 机器人月球基地计划

第三步，2030 年：实现突破。

在此阶段，俄罗斯将启动近地空间利用以及外太空探索研究的大规模项目，其中包括计划已久的载人登月计划。

第四步，2030 年以后：突破性发展。

2030 年以后，俄罗斯将在载人登月、登火星及外太空探索研究的大规模项目上取得长足进展，其中包括在月球部署考察站和实验室，通过可重复使用的运载火箭、可重复使用的月球着陆模块建立一个可重复使用的登月系统，定期进行载人登月飞行。

# 2. 不知美国人想干什么

## 2.1 新飞船会用在探月上吗

美国新总统一上台，除了对前任总统的内政和外交政策作调整之外，往往在航天领域也要出点儿花样。小布什时期，曾制定了重返月球计划，着手研制新的载人飞船"猎户座"号、新的登月舱"牵牛星"号和新的运载火箭"战神"号。奥巴马上台后，对航天计划作出较大的调整，不打算再登月了，因为这对美国来说已经不新鲜了。奥巴马将载人航天的目标指向载人探索小行星和火星，但原计划中的载人飞船和大型运载火箭还要继续研究，只是作了小的调整。猎户座飞船更名为"多目的乘员工具"（MPC），战神更名为太空发射系统（SLS）。既然是多目的，当然也不排除月球，太空发射系统也不排除向月球发射。所以，表面上没有月球的痕迹了，但都没有排除月球。

新研制的飞船是否会用在月球探索上呢？现在还是一个问号；但有一点是肯定的，MPC 试验飞行的目标就是月球。按照计划，2017 年将使用 SLS 发射不载人的多目的乘员系统，飞往月球；2021 年，4 名航天员将乘坐 MPC 环绕月球。图 5-6 为 MPC 在太空飞行示意图。

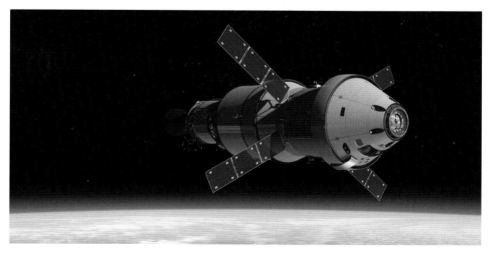

图 5-6 在太空飞行的多目的乘员工具

## 2.2 美国人会重返月球吗

在奥巴马决定修改美国的载人航天计划后，NASA采取了"两条腿走路"的方针。由私人公司研发到达低地球轨道的货运和载人飞船，而NASA自己则致力于发展前沿技术。目前大力发展的技术包括：

（1）新的超重型运载火箭。修改了原来战神火箭的技术方案，充分利用航天飞机的成熟技术，发展"太空发射系统"（SLS）。未来发射载人飞船和货运飞船的SLS的低地球轨道运载能力分别达到70吨和130吨，两种火箭示于图5-7。

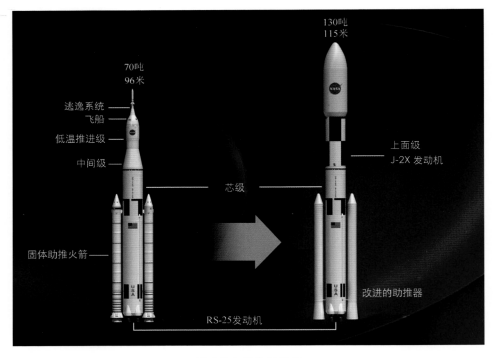

图 5-7 太空发射系统

（2）多用途飞船：最多可乘6名航天员，总重21吨，如图5-8所示。

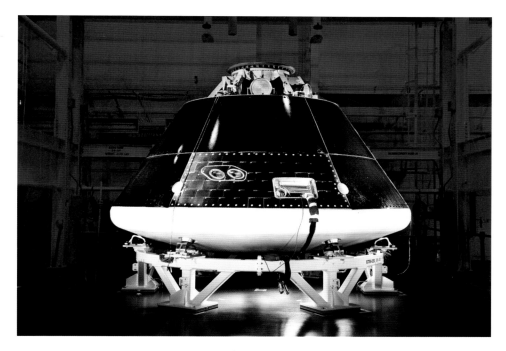

图 5-8 多目的乘员工具

（3）高级巡视车技术：功能多，灵活性、自动化程度高。

（4）就位资源开发利用技术。图 5-9 以就位利用月球资源为例，介绍了美国在当前和未来就位资源利用发展情况。

（5）深空自动交会对接技术：在深空能自动交会对接，在行星际任务中实现从发射到着陆的自动管理。

从上面的介绍可以看出，美国人正在做其他国家还没有想做的事。可以设想，在大约 10 年以后，美国的太空基础设施将迈向一个新的台阶，前沿技术继续保持世界领先地位，并拉大与其他国家的差距。有了这些基础设施，美国人就可以想到哪就能到哪，今天想去小行星，去火星，在适当的时机，肯定会重返月球，着手月球基地建设。

红箭头：当前的课题之内
蓝箭头：当前的课题之外

资源与位置特征　　月壤挖掘

着陆点建设

极区挥发物提取

月壤输运　　存储与上升工具　　氧的运输

居住区屏蔽

电源　　月壤处理　　输送储备　　表面构造

产生电力

氧和燃料

制造　　消费品

产品存储

制造与修理

表面移动性评估

图 5-9 就位资源利用技术

# 3. 日本和印度跃跃欲试

## 3.1 月亮女神的新活动

日本初步确定在 2017 年发射月亮女神 2 号。月亮女神 2 号由轨道器和月球车组成，轨道器重约 700 千克，着陆器重 1000 千克，包括一辆重 100 千克的月球车。月球车能在月球行驶两个星期。

## 3.2 印度继续"初航"

2007 年 11 月 12 日，俄罗斯联邦航天局和印度空间研究组织签订了一项协议，双方将在"月球初航 2 号"工程中开展合作。

月球初航 2 号将由三个部分组成：月球轨道器、月球着陆舱和登月机器人。其中月球着陆舱将由俄罗斯航天机构提供，登月机器人则由印俄双方联合研制，轨道器由印度自己研制，科学仪器也都由印度独立研制。

根据印度空间研究组织的探月计划，该机构原定在 2011 年向月球发射月球初航 2 号月球探测器，并使一个登月机器人在月球表面实现软着陆。后来，月球初航 2 号推迟至 2013 年发射，之后又推迟至 2014 年发射。

# 4. 嫦娥的任务仍很艰巨

## 4.1 需要大运载火箭

嫦娥工程第三阶段的任务是取样返回，那就是说，不仅有去，还要有回。一个"回"字包含的工作可就大了许多。登月舱要携带一个上升级，在取好样品并包装完毕后，登月舱的下半部就是一个小型火箭发射平台，上升级点火后，飞离登月舱，与轨道器在月球轨道交会对接。然后轨道器的发动机点火，将样品送回地球。取样容器进入地球的大气层后，按照再入、下落、减速的工作程序，在地球表面软着陆。

和落月探测相比，由于增加了上升级，因此登月舱要比单纯落月的大得多。轨道器要携带取样容器返回地球，这就增加了对接装置、增加了燃料。因此，执行取样返回任务的运载火箭，要求是重型运载火箭，现有的长征火箭家族还没有能胜任的，盼望"长征5号"早日投入使用，担负起将月球样品带回家的使命。

## 4.2 月球轨道交会对接难度大

前面已经提到，上升级离开登月舱后，要与轨道器实现月球轨道的交会对接。尽管我国在载人航天活动中已经进行多次交会对接，但那是在低地球轨道，有遍及全球的地面测控站、三艘远洋测控船以及数据与中继卫星保驾护航，可以确保交会对接的成功。但现在的交会对接位置是在环月轨道，距离地球38万千米，没有了那么多的保驾护航，如何确保交会对接的成功，在技术上确实是一个挑战。但这项技术难关必须攻破，不仅是取样返回的保障，对于未来的载人登月，更具有重要意义。可以这样说，这是在为实施载人登月工程做准备。

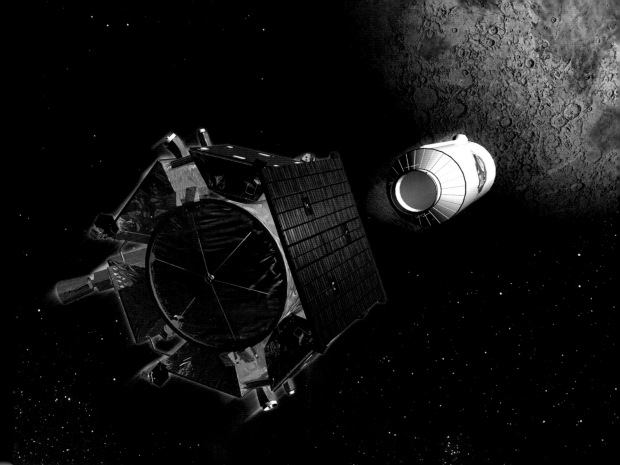

# 第六章　人类重返月球

# 1. 人类为什么要重返月球

## 1.1 探索精神是人类的天性

　　人类的历史就是不断探索、不断前进的历史；人类若失去探索精神，也就失去了未来。在科学技术高速发展的今天，一个国家，一个民族，更需要发扬光大这种探索精神。缺乏这种精神，就会在经济、文化、科技等领域落后。历史的教训表明，落后就要受剥削，落后就要挨打。

　　在探索太空的领域，尤其需要发扬探索的精神，因为许多事情是没有先例的。

　　回到载人登月的话题，也许有人会说，阿波罗飞船不是在1969年就登月了吗？现在登月还有什么意义？

　　阿波罗飞船确实实现了6次成功登月，将12名航天员送到月球表面。但阿波罗计划是冷战时期的产物，有很大的局限性。主要表现在以下几方面：

　　（1）缺乏系统的、长远的科学目标。

　　（2）着陆点限于月球正面的赤道和低纬区域，而没有到达更具有科考意义的高原地区、高纬、极区以及月球背面（见图6-1）。

　　（3）航天员在月面停留时间短，科学探索内容有限。

　　（4）限于当时对月球的认识水平，科学实验涵盖面窄。

　　（5）限于当时的科学仪器水平，取得的科学成果有限。

图 6-1 阿波罗飞船的登陆点

图 6-2 阿波罗航天员在巨石块附近采集样品

## 1.2 月球的事需人类亲自去做

为了研究地球资源、环境和灾害问题，人类已经发射了大量空间对地观测卫星。有了这些卫星，科技人员是不是只坐在实验室里，分析来自卫星的数据就可以呢？不是的，大自然的变化是错综复杂的，仅凭遥感卫星的观测，不到现场进行实地考察，不可能深入了解所研究目标的特征。无论是确定矿藏分布、环境污染程度、自然灾害确切情况，绝大多数都需要研究人员亲临现场。月球的事也是这个道理，有了卫星的观测结果，确实有利于人类明确具体考察目标，但对于这个区域是否有陨石存在、有哪些突出的地质特征、资源分布的具体情况等问题，就需要训练有素的科技人员进行实地考察。而且，这种考察不能走马观花，而应持续一段时间，让航天员在月球停留更长的时间，广泛收集科学信息含量高的样品，用当今最高水平的科学仪器，进行深入细致的研究。

载人登月可充分发挥航天员的优势，重点采集月球车难以到达地点的样品（图 6-2 所示），如在陨石坑底部、陨石坑壁、陨石坑周围不同距离点；

山坡；临时发现的特别感兴趣的地区；撞击熔化层、月海与高原边界、抛射物的峰和环；特殊的裸露头；寻找月壤中的外来碎片、存在于月表的陨石等。

由航天员携带最新科学仪器，有选择地对着陆点的岩石样品、月壤样品等进行实地测量，这样可获得高科学含量的数据。

## 1.3 把月球作为进入深空的基地

人类到达月球，目的不光是研究月球本身，还在于将月球当作一个探索更远天体的基地。当今月球科学研究的目标扩展为三个大的方面：（1）关于月球的科学。研究月球的起源与演化、月球当前的状态、月球资源等。（2）基于月球的科学。利用月球表面基本是真空的特殊环境，进行空间天文观测，有利于人类深入了解宇宙的起源与演化，深入了解人类目前关注的热点问题。（3）居于月球的科学。人类到达月球并建立月球基地后，会逐步增加在月球上居住的时间。而在月球环境下居住，又会产生一系列新的医学问题、心理学和生理学问题。这些问题的解决有利于人类未来到达更远的天体。

在月球上设立天文台具有许多优势：

1）月球为天文望远镜提供了一个巨大、稳定而又极为坚固的观测平台，因而可以采用结构简单、造价低廉的安装、指向和跟踪系统。

2）月球表面的重力只及地球表面重力的六分之一，因而在月球上建造任何巨大望远镜都要比地球上容易得多。

3）月球上没有空气，因而也没有风，其表面环境实际上处于超真空状态，故而在那里进行天文观测不会受到大气因素的影响。

4）如果我们把观测仪器（特别是射电望远镜）放在月球背向地球的那一边，则地球对天文观测的不利影响就更小了。

5）干扰少：地面射电望远镜，除受到地面各种通信设备和电器的干扰外，还受到卫星等通讯设备的干扰。

6）设备简单：在米波段，可以用阵子天线（例如俄罗斯的102兆望远镜）。不但容易在月球上安装，也可避免遭受下落物体的轰击。

## 1.4 开发和利用月球资源

根据目前的探测结果,确认月球有丰富的资源。如何开发和利用月球资源,没有人的直接参与是办不到的。如准确评估某种资源的可开发价值、月面采矿方式与方法以及资源的综合利用等一系列问题,都需要大批科技人员的直接参与。

# 2. 未来载人登月的特点

## 2.1 科学目标站在新起点

提起载人登月，一般人首先想到的就是能带回多少样品。其实，带回样品只是科学目标的一个方面，而且，随着技术的发展，许多分析工作可以就地进行，返回的样品强调特殊性和种类，重量已经不是主要考核目标。

新形势下的载人登月，是以新的视点，利用现代技术和方法，充分发挥人的主观能动性，破解现代月球科学研究中只有人的直接参与才能解决的前沿问题。

自 2007 年起，月球探测进入一个新时期，日本、中国、印度和美国共发射了 10 颗月球探测器，获得了许多新成果。这些成果深化了人类对月球的认识，也为载人登月打下了基础，包括在科学目标的选择方面。

目前，我国的许多科学家已经对载人登月的科学目标进行了前期研究，明确了许多重要问题。因此，未来我国的载人登月，科学目标肯定会站在新的起点上，在许多重要的前沿问题上将取得重大突破。

## 2.2 着陆地区遍及全月面

前面已经叙及，阿波罗计划的登月点主要分布在月球正面的赤道和低纬区域，着陆点基本是月海或月海附近。从安全的角度考虑，初次登月选取平坦区域作为着陆点也是必要的。但从科考价值的角度看，月海是被岩浆充填后形成的，不是月球最古老的物质；越是古老的区域，陨石坑越多，对于研究月球早期历史的科学价值就越高；月球极区陨石坑中含有水冰以及多种挥发物，对于研究月球的演变是理想的场所；月球背面高山林立，陨石坑密密麻麻，保存着月球最古老的物质。而目前在背面还没有留下人类的足迹。未来的载人登月，一定要到背面看一看。最近几年还发现，月球一些地区还有许多熔岩管，有的熔岩管露出了出口，里面是否会有大熔洞？如果真有像在地球上许多地区发现的熔洞，那里温度恒定，又能屏蔽辐射，肯定是建立月球基地的最佳候选地。

## 2.3 新技术破解科学难题

从阿波罗飞船最后一次登月到现在已经 40 多年了，人类的航天技术以及与之相配合的通信技术、导航定位技术、探测技术等许多高技术领域都突飞猛进地发展。今日载人登月所采用的技术，是 40 多年前无法相比的。人类可以对着陆点及其附近的区域，进行高分辨率的成像，从中可获取许多重要信息。探测技术的发展，可以使人类就地分析样品，直接将分析结果传回地球。返回地球的样品，只是那些在月面难以直接分析的物质，这样所获得的科学成果，是以往无法比拟的。许多与月球起源和演变的科学难题、月球资源品位和分布的确切评估以及对遥感探测结果的标定等问题，有望通过载人登月解决。

## 2.4 月面科考有更长时间

阿波罗航天员在月面上的科考时间，最长的一次也只有 22 小时。在这样短的时间内，无论是科考的类型、活动的空间范围、接触到的月球物质种类等都是非常有限的。现在，人类已经积累了丰富的建设空间站的经验，将这些经验和技术用于载人登月，可保障航天员在月球上停留更长的时间，获得更多的科学成果。

# 第七章　全月面着陆点

未来载人登月、取样返回探测以及建立月球基地都需要确定着陆点。对于自动取样返回探测来说，着陆点的选择主要考虑样品的科学价值，也考虑自动着陆器安全着陆问题。对于载人登月以及建立月球基地来说，首先考虑的是安全性，在确保安全的前提下，再考虑着陆区域的科考价值。对于建立月球基地，还要考虑着陆点附近的资源。

目前，国内外许多学者对全月面着陆的问题已经进行了深入研究，获得了许多重要成果。我们按照三个不同目的，即为实现预定科学目标、为探索资源和利用特殊地形地貌来分别介绍对着陆点的选择。

# 1. 根据科学目标选择的着陆点

## 1.1 怎样验证月球大灾变的猜想

一些学者曾提出月球大灾变的猜想，即认为在距今大约 39 亿年以前，月球出现撞击高峰（见图 7-1），月球目前的状态，基本上是由撞击高峰形成的。为了验证这个猜想，需要确定月球大的撞击盆地产生的时间间隔以及这些盆地的年龄。

目前在月球上已经辨别出 43 个大的撞击盆地。为了验证大灾变猜想，从理论上来说，应逐一对这些盆地的坑底、坑壁和周围的溅射物取样，分析这些物质产生的年代。但这样实际操作难度比较大，目前只能采集有代表性盆地的样品。这些样品应与选定的撞击盆地有直接联系，样品容易评估、容易辨别。有三种撞击盆地的地形满足上述要求：

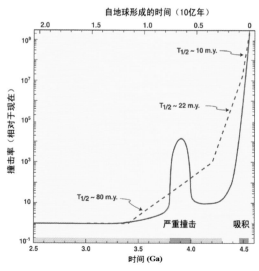

图 7-1 月球大灾变猜想

（1）含有撞击熔化角砾岩碎片的临近溅射覆盖层；（2）充填盆地内部的撞击熔化层；（3）具有撞击熔化物沉积的盆地变形区。

在43个大的撞击盆地中，门德尔–赖德堡（Mendel-Rydberg）盆地（见图7-2）是古老的盆地，而施罗丁格尔（Schrödinge）盆地（见图7-3）是年轻的盆地，这两个盆地可以作为研究本课题的着陆点。这两个盆地都在月球的背面。

 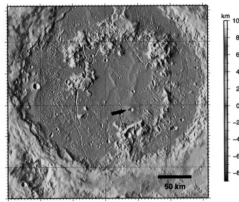

图 7-2 门德尔 - 赖德堡盆地　　　　　图 7-3 施罗丁格尔盆地

## 1.2 怎样确定地–月早期撞击通量

通过确定南极艾特肯盆地（见图7-4）的年龄，可以确定地–月早期撞击通量。

为了确定艾特肯盆地的年龄，需要就地提取盆地的样品，并返回地球进行分析。样品可以是撞击熔化物、熔化角砾岩或者是与月壤的混合物。在取样之前，需要利用环月卫星对该地区进行高分辨率成像加以辨别。估计艾特肯盆地的绝对年龄对于确定撞击通量曲线是非常关键的，可使我们更好地了解月球受撞击的历史，了解大尺度盆地形成的过程。

在艾特肯盆地要采集的样品包括撞击熔化物、撞击角砾岩、撞击抛射物和该地区的月壤。

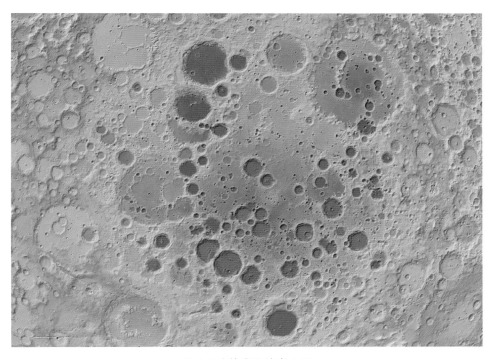

图 7-4 艾特肯盆地中心区

## 1.3 怎样估算绝对年龄

　　陨石坑计数的方法可用于计算这个地区的相对年龄，因为撞击坑密度越大，表面年龄越古老。这个方法的主要限制是月球撞击通量的知识是不准确的。另外，对于小的区域，这种方法的误差也比较大。为了获得绝对年龄的知识，需要确定典型陨石坑的绝对年龄。所谓典型陨石坑，应具有以下特点：在表面均匀分布、比较大（直径大于 20 千米）以及在美国"月球陨石坑数据库"中被列为"典型陨石坑"的。其中一个最典型的例子是阿基米德陨石坑，如图 7-5 和图 7-6 所示。

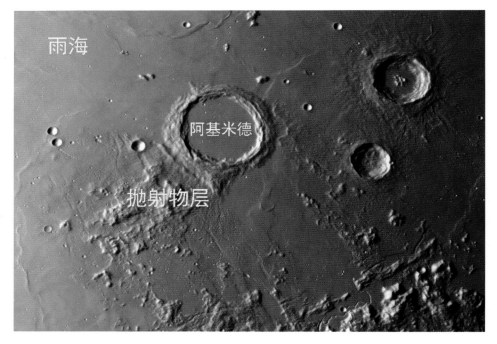

图 7-5 阿基米德陨石坑

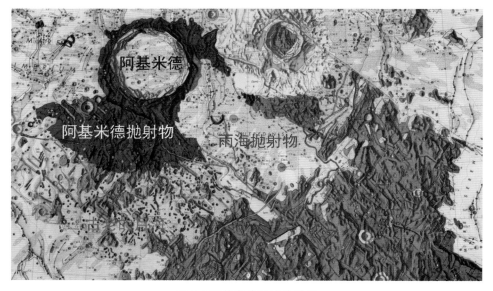

图 7-6 阿基米德区域地质图

阿基米德陨石坑直径为 82 千米，属于上雨海系陨石坑，位于雨海的东部。阿基米德抛射物被年轻的雨海覆盖；类似的物质充填了陨石坑的底部。

## 1.4 怎样评估近代撞击通量

这里"近代"这个词定义为哥白尼纪，因为哥白尼纪是最年轻的月球地质年代，时间跨度为 11 亿年前延续至现在。哥白尼纪的开始时期并不对应于哥白尼陨石坑形成的时间。大多数哥白尼纪陨石坑存在明亮的放射纹，目前已经辨别出 61 个哥白尼纪陨石坑，如图 7-7 所示。其中用黑色三角形标出的是更具有代表性的。

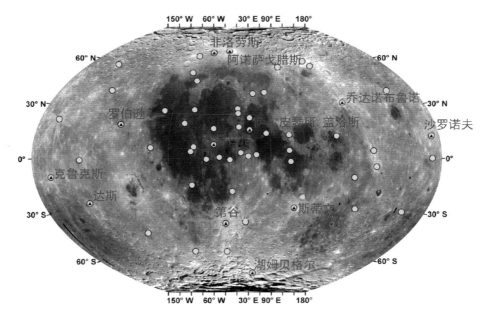

图 7-7 辨别出的 61 个哥白尼纪陨石坑

第谷陨石坑直径 85 千米，深约 4.5 千米，位于 11.1° W 和 43.4° S。它是月球正面最年轻的、带有射线纹的大陨石坑。图 7-8 给出第谷和哥白尼陨石坑，图 7-9 给出第谷陨石坑底部的特征。

图 7-8 具有射线纹的第谷与哥白尼陨石坑

图 7-9 第谷陨石坑底部的特征

## 1.5 怎样确定月球外壳的厚度

根据月震和月球重力场的数据，月壳的厚度大约在20至120千米之间，背面壳比正面壳平均厚约12千米，估计月球壳的平均厚度大约50至60千米。但更深入的研究表明，月壳厚度在水平方向和垂直方向的变化都是很明显的。

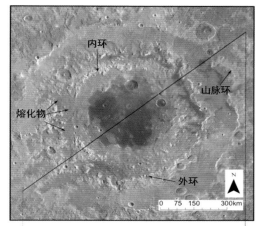

现有的结果表明，月壳最上面的部分（上壳）主要是斜长岩，而低壳的主要成分是镁铁。也就是说，成分的变化相应于月壳厚度的变化。因此，着陆点的选择应能获得有代表性的上壳与下

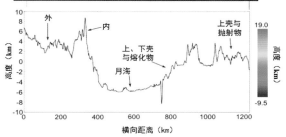

图 7-10 东方盆地

壳的成分。在某些陨石坑和撞击盆地的熔化物和中心峰中可能含有下壳物质，如东方盆地和莫斯科海。在一些复杂的陨石坑（如洪堡陨石坑）和多环盆地（如东方盆地）可能获得上壳的成分。

东方盆地直径1100千米。绿色区域表示大体上是平均月面高度，低的区域用深蓝色表示，较高的区域用红色表示。高度变化从大约 –4700米到8400米。东方盆地可以作为在多环盆地中取样外壳的一个例子。

## 1.6 月球极区的成分和分布

了解极区挥发物的状态和分布对于建立永久性的月球基地是非常重要的。在相对小的月壤颗粒里可能含有丰富的氢，这些氢作为火箭燃料，可用许多

年，而且提取容易，只需对月壤加热就可以。但是，现在还不知道极区挥发物在月壤斑块中浓度大，还是在分层的月壤结构中浓度大。未来弄清这个问题，最好的方法是取样返回。目前确定的着陆点如图 7-11 和图 7-12 所示。

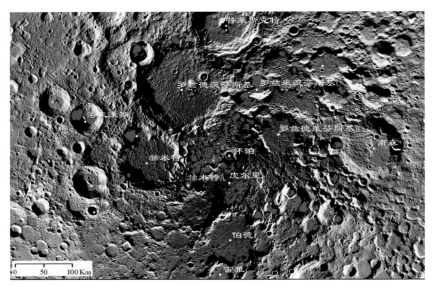

图 7-11 推荐的月球北极着陆点

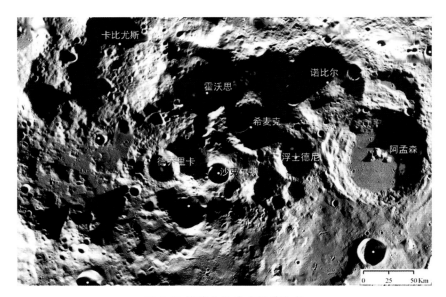

图 7-12 推荐的月球南极着陆点

# 2. 月球资源丰富区

## 2.1 铁矿丰富区

月海区一氧化铁的含量高达 20Wt%（重量百分比），而高原地区的含量就很低，平均为 4Wt%。图 7-13 给出月球正面和背面一氧化铁的分布。

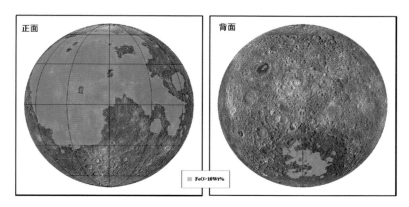

图 7-13 一氧化铁含量高于百分之十的区域

## 2.2 高钛分布区

图 7-14 是根据美国克莱门汀探测器获得的月球钛的分布。

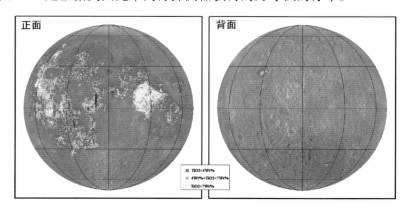

图 7-14 二氧化钛分布图

## 2.3 克里普岩分布

克里普岩（KREEP）在月面岩石和月壤中的分布极为重要，不但因其对月壳形成期间及形成以后的月球演化有重要意义，而且由于克里普岩中富含稀土、钛及铀等重要资源型元素，被认为是除钛铁矿外最重要的月球矿物资源。图 7-15 给出钍在月球上的分布，但也代表了克里普岩的分布，图中的 ppm 表示百万分之一。

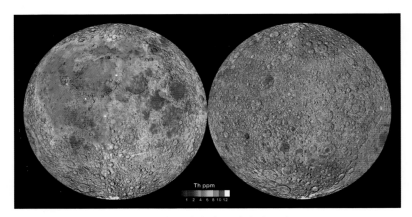

图 7-15 克里普岩在月球上的分布

# 3. 特殊地形地貌

## 3.1 熔岩管

  月球熔岩管（lava tube）是月球表面以下具有一定长度的通道，是岩浆流动时期形成的。当岩浆管的表面冷却时，形成一个硬的外壳，但里面的岩浆还在管道形的通路中流动。一旦岩浆流缩减，通道内的岩浆逐渐枯竭，就形成一个空洞。

  月球表面的这种地下中空结构，将有助于未来人类探索月球，建立月球基地。熔岩管位于表面以下 40 多米深，直径可达数百米，温度稳定在大约 –20℃。这样的熔岩管可防护宇宙线、流星体和微流星体，屏蔽月球表面温度的变化，为月球基地提供稳定的可居住环境。

  目前已经在月球表面发现了一些熔岩管，主要集中在马留斯山（Marius Hills）地区。图 7-16 给出马留斯山地区的地形，左下角小图给出熔岩管的出口——天窗，这个洞穴的直径为 65 米，很可能向下延伸至少 80 米。它位于沟纹区域中部，表明洞穴通往的熔岩管直径可达到 370 米。

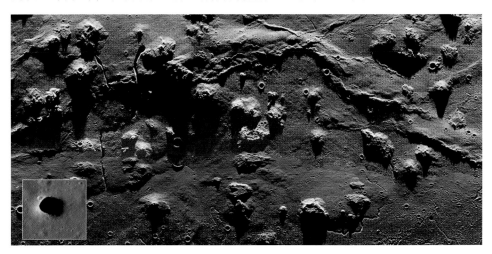

图 7-16 马留斯山地区及新发现的"天窗"

## 3.2 莫斯科海

莫斯科海是月球背面的少数月海之一，在月球的北半球，无法从地球上观察。莫斯科海直径 277 千米，面积约 1.96 万平方千米，位于月球平均半径以上大约 4 千米。图 7-17 给出莫斯科海的位置，其中的彩图是放大了的莫斯科海。图 7-18 是推荐的着陆点位置，着陆点位于最年轻的月海，特别平坦，斜率只有 2.3°，在圆圈所标出的区域，半径分别为 10 千米、20 千米和 30 千米，具有许多令人感兴趣的科学样品。

图 7-17 莫斯科海

图 7-18 在莫斯科海的着陆点

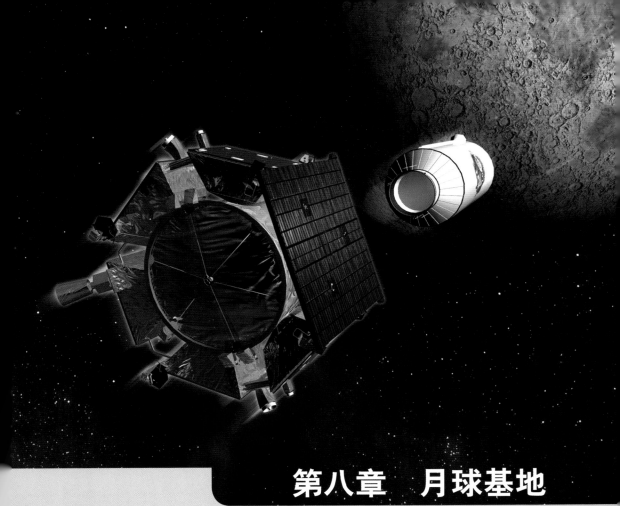

第八章　月球基地

★ ★ ★《青少年太空探索科普丛书》★ ★ ★

**月球文化与月球探测**

# 1. 为什么要建立月球基地

## 1.1 基地就是长期科考站

众所周知，人类在地球的南、北极都设立了长期科考站，目的是对极区自然环境、气候、资源等进行综合探测研究。这些科学考察站一般分两种，一种是设备、建筑都较简易的夏季考察站，仅供考察队在南极夏季宿营和工作，在严寒的冬季就关闭。在南极洲约分布有 100 多个夏季考察站。另一种考察站称为常年科学考察站或叫永久性考察站，是为了长期开展南极综合性多学科考察而建立的。站址选择要求高，建设和维持费用大。站上备有各种功能建筑用房，如通讯室、发电站、科学实验室、队员健身房、仓库以及油库、车库等。20 世纪 80 年代中后期，我国相继在南极洲建立了长城站和中山站两座常年科学考察基地。

图 8-1 是法国与意大利联合在南极开设的康宏站（Concordia Station），位于南极高原，海拔 3233 米。康宏站是地球上最冷的地方之一，温度几乎均在 –25℃以下。2010 年冬季，年平均气温为 –54.5℃。冬季风速为 2.8 米 / 秒。

图 8-1 南极科考站之一——康宏站

我们可以设想，如果没有这些科学考察站，科学家每年长途跋涉到达极区，只进行短暂停留就返回内地，不可能获取更多的成果。另外，从经济方面考虑也是不划算的。

从南极科考站联想到月球基地，道理是一样的，只要人类下决心深入研究月球，就一定要建立月球基地，月球基地就是人类设立在月球的长期科考站。

## 1.2 设施齐全才能多干事

人类在南极建立科考站，也经历了循序渐进的过程。科考站的建筑、科学设备、研究的学科范围等，都是不断发展的。联想到未来的月球基地，肯定也要经历由易到难、由简到繁的发展过程。但有一样是肯定的，设施齐全才能多干事。所以在建立月球基地之前，要仔细规划。每一步要达到什么样的科学目标，与此相应要必带哪些设备等，都要细致规划。同时要做到兼顾眼前，面向未来。

# 2. 月球基地的主体结构

## 2.1 可移动的月球基地

在月球基地建设初期，由于条件的限制，只能建立一些简单的基地。这些基地可以是充气式结构，从地球运输到月球比较方便。到达指定地点后，经过充气，膨胀起来，就变成了住所。图8-2是NASA目前考虑的一种充气式结构的月球基地。

图 8-2 充气式结构的月球基地

另外一种结构是带有居住设施的高级月球车。这种结构可在地球总体组装好，运到月球后很快就可以投入使用。而且移动方便，增强了航天员月面科考的能力，如图 8-3 所示。

图 8-3 具有居住功能的高级月球车

　　第三种可移动的月球基地如图8-4所示，是一种移动与固定相结合的方式。需要移动时，部分结构可以分离；完成任务后，又可与其他部件连接在一起使用。

图 8-4 移动与固定相结合的月球基地

第四种是半固定式基地，如图 8-5 所示。不能移动，但与月球表面结构没有联系，可以拆卸，再运到其他地方，重新组装。

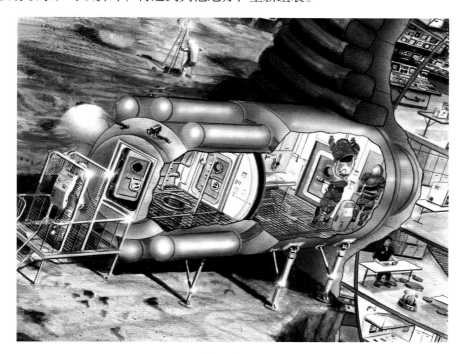

图 8-5 半固定式月球基地

## 2.2 固定地点的月球基地

图 8-6 显示的是一种固定式月球基地。处于半地下，可以用月壤屏蔽辐射，同时也起到调节温度的作用。

图 8-6 半地下的固定基地

　　图 8-7 所示是一种规模较大的固定月球基地。不仅建筑规模较大，而且还配备有大型施工机械。

图 8-7 规模较大的月球基地

　　图 8-8 所示的基地是一些建筑群，规模更大。

图 8-8 具有成群建筑的基地

图 8-9 所示的月球基地配备有发射场地，可以起飞和降落着陆器。

图 8-9 配备有发射场地的月球基地

图 8-10 是完全建在月球表面以下的基地。这种方式的优点是能屏蔽辐射，调节温度。但建设时需要在月球表面有功能较强的施工机械。

图 8-10 建在月球表面以下的基地

图 8-11 是建在陨石坑底部的月球基地。

图 8-11 建在陨石坑内的月球基地

# 3. 月球基地的辅助设施

## 3.1 大型着陆器

建立和维护月球基地需要不断地从地球运送给养及设施，因此需要大型着陆器。图 8-12 是欧洲空间局给出的一种新型着陆器设计，具有较强的功能。

图 8-12 新型着陆器

## 3.2 新型月球车

为了建设和维护月球基地，需要两种类型的月球车，即载人与载物月球车。载人月球车又可分为充压车和不充压车两种。航天员乘坐充压车时可以不穿航天服，走较长的路时比较舒服。乘坐不充压的月球车，需要穿月面航天服，适于短距离移动，如在附近采集样品。

目前设计的月球车可以说是五花八门，下面列举几种，如图 8-13、8-14。

图 8-13 NASA 设计的充压月球车

图 8-14 NASA 设计的非充压车

### 3.3 新型电源

　　未来月球基地所使用的电源基本有两类，即太阳能电源与核能。图 8-15 给出的是一种太阳能电源设计。

图 8-15 月球基地的太阳能电池

　　核能有两种形式，一种是放射性同位素热电电源，类似于一些深空探测器使用的电源；另一种是核反应堆发电，类似于地球上广泛使用的核电。图 8-16 是设想的月球核反应堆。

图 8-16 月球核反应堆

## 3.4 完善的通信设施

月球基地的通信系统主要有两种形式。一种是利用中继卫星，将月球表面发射的各种信息传输到地球。地球上通过大型天线直接接收这些信息，如图 8-17 所示。目前这种方式的技术已经很成熟。

另一种方式是激光通信，这种方式目前处于验证阶段。激光通信具有四个优点：

（1）发射和接受设备比较小和轻；

（2）对给定的距离和数据传输率，只需小的电源；

（3）对给定的距离和电源可获得更高的数据传输率；

（4）安全性高，抗干扰能力强。

图 8-18 给出激光通信示意图。

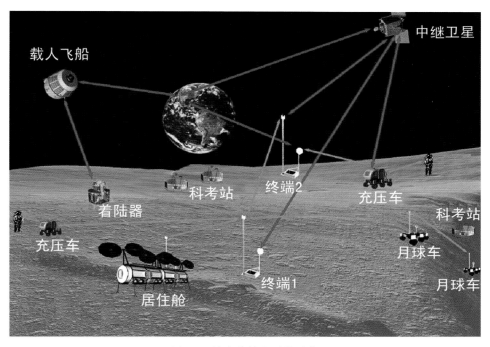

图 8-17 月球基地的通信系统

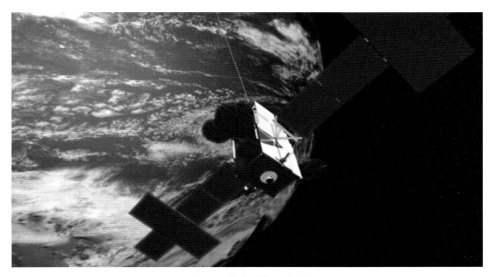

图 8-18 激光通信示意图